Sabrina Öttl

DAS HANDWERK

Der erste

DER TYPOGRAFIE

Eindruck

VERSTEHEN UND

zählt!

ANWENDEN

verlag hermann schmidt

INHALT

Dieses Buch beschäftigt sich mit grundlegenden Fragen rund um Typografie, Lesen und die Lesbarkeit, die Ihnen den Einstieg in die Gestaltung mit Schrift erleichtern sollen. Es will Ihr Interesse wecken, erste Fragen beantworten, weitere aufwerfen und Ihnen zeigen, wie vielseitig und wirkungsvoll Sie mit Typografie kommunizieren können.

Der erste Eindruck zählt

Sie haben sich entschieden, gestalterisch zu arbeiten – und davon leben zu wollen? Sie haben erste gestalterische Erfahrung, aber manchmal scheint Ihnen etwas noch nicht ganz ›rund‹? Sie wissen, dass der erste Eindruck zählt. Und dass Typografie Texte so inszeniert, dass dieser erste Eindruck stimmig ist – und überzeugt? Und Sie wissen noch nicht ganz, wie Sie das hinbekommen?

Dann haben Sie genau das richtige Buch in der Hand!

Woher ich das weiß? Nach meinem Abitur habe ich eine Schriftsetzerlehre gemacht, damals noch im Bleisatz. Wir hatten wenige Schriften und haben lange ›gebosselt‹, bis der perfekte Satz entstand. Zum Spationieren haben wir sogar einzelblattweise Transparentpapier verwendet; und weil der handwerkliche Teil des Setzens so viel Zeit in Anspruch nahm, haben wir stundenlang gescribbelt und Schrift gezeichnet. Seitdem ist Typografie ein fester Bestandteil meines Lebens. Ich weiß, wie viel kleine typografische Kniffe zu Lesbarkeit und Anmutung von Texten beitragen. Und wie deren Fehlen Texten Unrecht tut, denn Leserinnen und Leser unterscheiden nicht zwischen schlechten und nur schlecht gesetzten Texten. Als Chairman des Type Directors Club of NY, als Juror in den verschiedensten Wettbewerben und als Verleger habe ich erlebt, wie Typografie wirkt, was Details bewirken und wie Leserinnen und Leser diese subtilen Unterschiede – die sie nicht benennen können – dennoch spüren.

Deshalb freue ich mich, Ihnen mit *Der erste Eindruck zählt!* einen ebenso fundierten wie allgemeinverständlichen Praxisworkshop Typografie für werdende Profis in die Hand legen zu dürfen. Ein Buch, wie ich es mir damals gewünscht hätte. Ein Buch, das ich mir tatsächlich gewünscht habe: von Sabrina Öttl. Sie zeigte mir ihre Bachelorarbeit-Arbeit der FH JOANNEUM in Graz *Ansichtssache. Über Lesbarkeit und die Details in der Typografie*. Wir sprachen, wir fachsimpelten, wir schwärmten von der großen Wirkung kleiner typografischer Eingriffe. Und ich fragte sie, ob sie dieses Wunsch-Buch nicht schreiben könne. Mit aktuellen Schriften, den neuesten Erkenntnissen vom Lesen und der neuesten Font-Technologie. Weil sie heute dieses Herzklopfen für Typografie hat, das ich schon so lange habe. Und sie es Ihnen heute besser vermitteln kann als die ›alten Hasen‹ von damals das heute können.

Drei Jahre lang haben wir miteinander an diesem Buch gearbeitet mit einem einzigen Ziel: Dass von Ihnen gestaltete Texte Ihre Leser*innen überzeugen. Und dass Sie dank Tipps und Tricks dafür unendlich viel weniger Aufwand treiben müssen als damals wir. Bei mindestens gleicher Qualität des Ergebnisses. Typografie war der Handwerksberuf, der dem Type Director (weibliche Type Directors gab es damals noch nicht) zuarbeitete. Heute sind Sie alles in einer Person: Kreativdirektor*in, Type-Director*in und Setzer*in. Je selbstverständlicher Ihnen der handwerkliche Teil von der Hand geht, desto mehr Zeit haben Sie für Ideen. Oder anders herum gesagt: Je länger Sie an Ihren Ideen schleifen wollen, desto souveräner muss Ihnen der Satz von der Hand gehen. Und Abstriche bei der Qualität wollen Sie natürlich nicht machen …

Genau dafür legt dieses Buch das Fundament. Auf das Sie Ihre gestalterische Karriere bauen können. *Viel Freude dabei!*

Herzlich Ihr Bertram Schmidt-Friderichs

PS: Ich muss Sie warnen: Wenn Sie Ihren Blick erst mal fürs typografische Detail geschärft haben, können Sie diese Details nie mehr *nicht* sehen. Das ist wie beim Kochen: Tütensuppentypografie wird Ihnen einfach nie mehr schmecken.
Sie wagen den Blick ins Buch dennoch? Super!

Typografische Freude

Schrift visualisiert den nicht greifbaren Werkstoff Sprache. Nur Schrift ermöglicht es, Wissen auf Dauer zu bewahren und ist damit ein wichtiger Teil der Grundlage von menschlicher Zivilisation. Je effizienter die Sprache und Schrift dabei sind, desto effektiver ist die Kommunikation. Dieser Grundsatz beeinflusste stets die Entwicklung der Schrift und gilt auch heute noch für die Typografie.

Typografie ist die Grundlage jeder Gestaltung, denn überall dort, wo visuelle Kommunikation auf Sprache trifft, tauchen zwangsläufig typografische Fragen auf. Schrift soll – geschrieben, gedruckt, animiert, projiziert, graviert, hinterleuchtet, programmiert – in jeder erdenklichen Erscheinungsform lesbar und verständlich sein. Sorgfältiges Handwerk ist dabei nicht nur eine Schwärmerei von einigen Gestalterinnen und Gestaltern. Gute Typografie kann mehr. Gute Typografie ist *Transportmittel* und *Atmosphäre.* Sie ist *Inhalt* und *Gefühl.* Sie kann *verstanden* und *interpretiert* werden. Sie verbreitet *Wissen* und *Bewusstsein.* Um Sie für diese Feinheiten zu sensibiliseren und wie Sie diese Erkentnisse dann gezielt anwenden können – dazu ist dieses Buch da.

Dabei ist die Typografie definiert von Vorgaben: Es beginnt beim Sehen, wenn physiologische Einschränkungen der Augen unsere Wahrnehmung beeinflussen. Die Formen der Buchstaben sind vorgegeben, weil Willkür keiner verstehen würde. Die Vorgänge des Lesens, der Leserlichkeit und der Lesbarkeit, die mikro- und makrotypografische Regeln festlegen. Bei jeder Gestaltungsaufgabe kommen dann noch sprachliche Vorgaben von der Autorin, dem Autor hinzu. Das Medium gibt technische Rahmenbedingungen vor, damit die Ausgabequalität garantiert werden kann. Zudem gibt es oft auch Gestaltungsrichtlinien von Kundinnen und Kunden, weil sich das Projekt in den Gesamtauftritt einfügen muss, weil spezielle Vorlieben gegeben sind oder das Budget für Lizenzen, die Herstellung etc. limitiert ist. In der Vielzahl der Möglichkeiten scheint der Gestaltungsraum auf einmal schwindend klein. Ja, es stimmt, die Typografie ist geprägt von vielen Vorgaben, im Grunde aber eine *Ansichtssache.* Und das wortwörtlich.

Die typografische Freude sollte man sich deshalb nicht nehmen lassen. Oder um es in den Worten von Friedrich Forssman und Ralf de Jong auszudrücken, *die einzigen tatsächlichen typografischen Fehler sind Unwissenheit und Gleichgültigkeit.* Die meisten Fragen können und sollen von Projekt zu Projekt verschieden beantwortet werden. Es geht in der Typografie um mehr als um das bloße Hin- und Herschieben von Text- und Bildelementen. Es geht um viele kleine Entscheidungen, die erst in ihrer Gesamtheit ihre volle Wirkung entfalten. Texte sollen nicht nur funktionell mess- und lesbar, sondern erlebbar werden. Tradiertes Handwerk und Trends bzw. Zweck und Ästhetik schließen sich dabei nicht aus.

Um das zu erreichen, ist die wichtigste Aufgabe in der Typografie, die richtigen Fragen zu stellen. Fragen, die helfen, sich in Situationen einzufühlen, ein Verständnis aufzubauen und Entscheidungen zu hinterfragen. Diese Sorgfalt gibt Texten eine Wichtigkeit. Und je mehr Sorgfalt in jeden einzelnen Schritt der Gestaltung einfließt, umso mehr Freude werden Sie mit dem Endresultat haben, umso zufriedener wird die Kundin, der Kunde sein und umso mehr werden auch ihre, seine Kundinnen und Kunden diese Wertschätzung spüren. Und diese gegenseitige Achtsamkeit ist doch das, was für ein Miteinander unser aller Ziel ist.

Neben dem *Handwerk* ist Ihre eigene *Kopfarbeit* das Tool, das die Gestaltungsarbeit lebendig macht. Dieses Buch möchte Ihnen genau das zeigen. Es soll nicht der typografische Spielverderber sein. Es soll viel mehr eine Arbeitsgrundlage sein, inspirieren und vor allem eines: *Lust auf (gute) Typografie machen.*

Sabrina Öttl
Juli 2020

Wie dieses Buch aufgebaut ist

An dieser Stelle steht bei jedem Kapitelbeginn ein Unter-Inhaltsverzeichnis.
S. 11

Hier steht eine beispielhafte Überschrift

↓
TIPP

Dieser Pfeil markiert Buchempfehlungen und Tipps zum Thema. Details zu den Büchern finden Sie im Literaturverzeichnis auf Seite 156.

ϟ
Dieser Blitz markiert Tipps und typografische Shortcuts für das Arbeiten am Computer bzw. in Adobe InDesign. Weitere nützliche Tastenkombinationen finden Sie auf Seite 154/155.

Dies hier ist ein Beispieltext, der die typografische Organisation dieses Buchs erläutert. Im Grunde werden Sie vermutlich vieles beim Lesen selbst intuitiv verstehen – Sie müssen diesen Text hier also nicht unbedingt lesen. Falls aber dennoch Fragen offen sind, werden sie hier kurz erklärt.

Grundsätzlich gibt es zwei Leseebenen: Die sachliche, funktionelle in Schwarz (NN Allegra Book) sowie die erklärende Leseebene in Blau (GT Sectra Book). Wie die Bezeichnung schon erahnen lässt, liegt der Unterschied in der Information, die vermittelt wird. Sachlich, funktionell bedeutet, dass hier in erster Linie erklärt wird, um was es geht, was für das Thema relevant ist und was Sie unbedingt wissen sollten. Im zweiten Schritt, in der blauen, erklärenden Leseebene wird das Thema mit Beispielen wiederholt oder um weitere interessante, aber nicht unbedingt notwendige Informationen ergänzt. Innerhalb dieser Ebenen gibt es *leise Auszeichnungen* in Kursiv, die die wichtigsten Schlagworte eines Absatzes markieren. Und schließlich gibt es immer wieder ⟶ **sehr laute Auszeichnungen** mit Pfeil, in Blau und Bold. Diese Auszeichnungen kündigen größere Themenblöcke oder später folgende Kapitel an.

Neben dem Fließtext gibt es Zitate und Teasertexte, Bildbeschriftungen, Seitenzahlen, Schrifthinweise mit Indexbuchstaben (immer rechts unten) und einen Kolumnentitel mit Verweis auf das aktuelle Kapitel (immer links unten). Diese Ebenen sollen Sie gemeinsam mit den großzügigen Einstiegsseiten der sechs Kapitel und den verschiedenen Ebenen von Über- und Zwischenüberschriften durch das Buch leiten. Fürs eigenständige, selektive
12 Navigieren und Lesen sind zusätzlich links neben dem Fließtext Zahlen vermerkt. Diese Nummern sind Verweise auf Seiten, auf denen es weitere Informationen zum in dieser Zeile erwähnten Thema gibt.

a

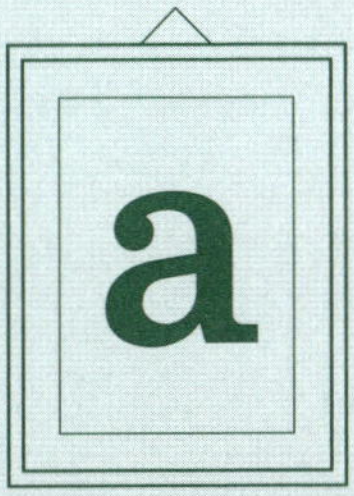

Unter Abbildungen und Beispielen stehen kurze Bildunterschriften, jeweils mit Verweisen auf die verwendeten Fonts.

Das hier ist jetzt noch ein Beispiel für die zweite, erklärende Leseebene. Noch eine Info zum Schluss: Dieses Buch hier wurde zweifarbig in Blau und Grün gedruckt. Schwarz und Grau kommen nur durch das Überlagern dieser beiden Farben zustande. Das alles braucht Sie aber eigentlich nicht weiter zu kümmern, irgendwie musste nur diese Seite voll werden. Schön, dass Sie bis zum Ende dieses Beispieltextes durchgehalten haben. Jetzt aber wünsche ich Ihnen viel Freude beim Lesen und Arbeiten.

An dieser Stelle werden die Schriftnamen aller Fonts einer Doppelseite angeführt.

a NN Colroy Medium

Wie Schrift unseren Alltag begleitet

Typografie, was ist das?

Eine Frage, die meistens umgehend in den Köpfen jener Menschen auftaucht, die sich nicht tagtäglich damit beschäftigen. Verständlich, denn die Typografie war jahrelang nur Spezialistinnen und Spezialisten vorenthalten. Ursprünglich bezeichnete die Typografie das Druckhandwerk, die Buchdruckerkunst, das Hantieren mit beweglichen Drucktypen, sogenannten Lettern. Schriftsetzen war ein Ausbildungsberuf und durch die Lehre wurde das notwendige Wissen über die Typografie weitergegeben. Die allgemeine Bevölkerung musste sich nicht mit typografischen Details beschäftigen, da sie ohnehin nicht mit Schriftsatz in Berührung kam. Da aber bedingt durch die technischen Fortschritte heute meist nur noch wenige Menschen mit Bleibuchstaben hantieren und Buchstaben in Form von digitalen Schriftdateien auf jedem Computer und für jeden zur Anwendung zur Verfügung stehen, hat sich auch der Begriff gewandelt.

Typografie ist im engeren Sinn *das Gestalten mit Satzschriften*. Es unterscheidet sich damit von der Kalligrafie – der Kunst des ›Schönschreibens‹, dem Lettering – das individuelle Illustrieren eines Schriftzugs, und der Schriftgestaltung bzw. dem Type Design – dem Entwurf von Satzschriften. Im weiteren Sinn der Begriffsdefinition von Typografie wird aber auch *der Raum rund um die Schrift* miteinbezogen, wie etwa der Umgang mit Weißräumen, Formaten, Bildern und Materialien.

Im selben Verhältnis wie die Definitionen stehen auch die zwei Berufsbezeichnungen Schriftgestalterin und Schriftgestalter sowie Typografin und Typograf bzw. die englische Variante Type Designer zueinander. Schriftgestaltende sind diejenigen, die *eine Schrift* gestalten und typografisch Gestaltende diejenigen, die *mit Schrift* gestalten.

a

Ein geschriebenes ›a‹, ein illustriertes und vektorisiertes Lettering-›a‹ und ein ›a‹ aus einem Font.

Schrift und Typografie umgeben uns und sind allgegenwärtig. Gerade heute, denn noch nie in der Geschichte gab es ständig und überall so viel Text um uns, der gelesen und verarbeitet werden möchte und damit auch eine Vielfalt an Typografie, die viele gar nicht so umfangreich wahrnehmen.

Zu beschreiben, was genau man in der Typografie macht, ist deshalb gar nicht so leicht. Die Definition ›Gestaltung mit und rund um Schrift‹ ist für die meisten Menschen noch sehr abstrakt und sie können daraus keine Funktionen oder Aufgaben ableiten. Innerhalb dieser Definition ergeben sich aber eine Vielzahl an Aufgaben und daraus entsteht eine noch viel größere Anzahl an denkbaren Erscheinungsformen.

a Laica A Medium

Schrift hat im Alltag sehr unterschiedliche Aufgaben, z.B.:

Sie ordnet eindeutig zu → *Kfz-Kennzeichen*
Sie identifiziert und macht erkennbar → *Reisepass*
Sie gibt Auskunft und verortet → *Hausnummern*
Sie erinnert, repräsentiert und bewertet → *Geldschein, Briefmarke*
Sie erleichtert und organisiert → *Paketzettel*
Sie begeistert und verbindet → *Fußballtrikot*
Sie bildet Marken, bewirbt und bewertet diese → *Erscheinungsbild*
Sie warnt und schützt uns → *Warnhinweise, Schilder*
Sie leitet und zeigt den Weg von A nach B → *Bahnsteigscreen*
Sie erregt Aufsehen, verführt und unterstützt → *Social Media*
Sie sortiert und informiert → *Website*
Sie bewahrt Geschichten, Wissen und Information → *Buch*
Sie unterhält uns und regt an → *Magazin*

Typografie ist die Lehre von der Gestaltung *mit* Schrift, gleichzeitig aber auch ein *Gestaltungsprozess*, der den gesamten typografischen Raum miteinbezieht.

Schrift ist einst aus einer Notwendigkeit entstanden. Der Notwendigkeit, Sprache und Wissen zu visualisieren, zu konservieren und weiterzugeben. Unsere Buchstaben haben sich aus einer Vielzahl von geschichtlichen Ereignissen, Umständen und Zufällen entwickelt. Erst waren sie ikonische Abbildungen, bis sie mit der Zeit immer mehr zu unseren heutigen, symbolhaften Stellvertretern wurden. Die Materialien, mit denen geschrieben wurde, die Schreibgeschwindigkeit und die Sprache beeinflussten diese Entwicklung. Heute kommunizieren wir daher nicht mehr mit einer bildhaften, sondern mit einer zeichenhaften Schrift. Der Vorteil unserer Buchstabenschrift gegenüber einer bildhaften liegt in der Genauigkeit. Bilder sind interpretierbar, dadurch in ihrem Ausdruck vielfältig. Ein Buchstabe steht für einen Laut. Mehrere Buchstaben bilden ein Wort und dieses Wort kommuniziert eine Information. Ein Bild kann im Gegensatz zum Wort zwar unterschiedlichere und viel mehr, aber weniger präzise Informationen transportieren – was für komplexe Inhalte nicht unbedingt vorteilhaft ist.

a  b  c 

Experimentelle Entwürfe, die sich aufgrund der Lesbarkeit aber nicht bewähren konnten und daher wieder verworfen oder ausschließlich dekorativ genutzt wurden.

Das Augenmerk während dieser Entwicklung unserer Buchstaben lag dabei stets auf der Ergonomie unserer Augen. Das heißt, die Formen der Buchstaben haben sich an die Bedürfnisse der sehenden Augen und der schreibenden Hände angepasst und nicht umgekehrt. Was nicht den Bedingungen des Menschen entsprach, bewährte sich nicht und wurde irgendwann wieder verworfen. Eigentlich leicht nachvollziehbar, da das für viele Werkzeuge des Menschen gilt. Ein Löffel, mit dem es nicht möglich ist, eine Suppe zu löffeln oder ein Bett, in das man sich nicht legen kann, ist im Sinne eines Gebrauchsgegenstandes genauso unbrauchbar wie eine Schrift, die nicht gelesen werden kann – dekorativ vielleicht, zweckmäßig wahrscheinlich eher nicht.

Auch die Typografie hat, ähnlich wie die Schrift, eine lange Tradition und ist in ihrer Ausprägung nicht erst mit dem Aufkommen des Computers entstanden. Schon in alten Handschriften des Mittelalters findet man dieselben typografischen Details, die wir heute verwenden. Schon damals galt das bequeme Lesen als ein wichtiger Maßstab der Gestaltung.

Typografie ist allgegenwärtig, vielfältig und hat eine lange historische Tradition. Was unterscheidet aber gute Typografie von schlechter? Bleibt die Frage nach dem Gefallen einmal außen vor, kann man bei der Bewertung von Typografie nicht generell von ›gut‹ oder ›schlecht‹ sprechen bzw. eine Schrift kann auch nicht generell brauchbar oder unbrauchbar sein. Diese Vielfalt an Funktionen der Typografie verlangt ebenso eine Vielfalt an Richtlinien und Lösungswegen. Gute und schlechte Typografie ist daher viel mehr von formalen Faktoren abhängig. Das heißt: Sind die entsprechenden
88 typografischen Grundregeln – die Orthotypografie – beachtet worden und erfüllt die Typografie ihre Aufgabe, ihren Zweck? *Form* und *Funktion* sind die beiden ersten Voraussetzungen für gute Typografie. *Charakter, Ästhetik* und die *eigenen Erfahrungen* und *Werte* sind dann die Faktoren, die die Typografie lebendig machen und unabhängig von Form und Funktion eine Vielzahl an Erscheinungsformen erzeugen.

Zwar hat sich die Begriffsdefinition von Typografie geändert, zusätzlich haben der Personalcomputer sowie anwenderfreundliche Software das Gestalten mit Schrift für eine breite Menschenmasse möglich gemacht – aber nach wie vor bleibt die Typografie *ein Handwerk*. Ein Handwerk, das wie jedes andere Handwerk umfangreiches Wissen, das richtige Gefühl und eine entsprechende Erfahrung im Umgang erfordert, damit die typografische Sprache besser verstanden und gezielt angewendet werden kann.

a Futura, Paul Renner, 1927
b Kombinationsschrift, Josef Albers, 1931
c New Alphabet, Wim Crouwell, 1967

Wie Schrift unterschiedlich wirken kann

Schrift schafft Differenzierung

Schrift ist visualisierte Sprache und damit in erster Linie Kommunikationsmittel. Wie schon angedeutet, werden aber eigentlich nie nur Inhalte transportiert. Schrift ist immer auch subjektives Empfinden und trägt eine atmosphärische Botschaft mit sich. Zum Vergleich: Gesprochene Wörter werden von der Stimme, der Mimik, der Gestik und einigen anderen zeitlichen, örtlichen und emotionalen Umständen begleitet. Ist ein Satz einmal ausgesprochen, bleibt er in seiner Wirkung auch so. Beim Wiederholen dieses Satzes ändert sich selbst durch minimale Veränderungen dieser Begleitumstände die atmosphärische Botschaft. Gesprochene Sprache ist demnach direkt und einmalig.

Bei der geschriebenen Sprache ist das anders. Sie muss auf solche direkten und einmaligen Indikatoren verzichten. Auch nach dreimaligem Lesen wird dieser Absatz hier genauso wirken wie beim ersten Mal. Die Grammatik und die Struktur eines Satzes lassen den Inhalt einer Botschaft entstehen, durch die Gestaltung ist aber auch ein geschriebener Text nie ohne Charakter. Die akustische Komponente wird durch die visuelle ersetzt. Die inhaltliche Differenzierung durch die Stimme des Menschen wird zur Aufgabe der Schrift sowie in weiterer Folge der Typografie. So wirkt die visuelle Kommunikation mit all ihren Begleitumständen auf die Empfängerin, den Empfänger genauso unausweichlich wie die akustische.

Schrift ist nicht einfach nur zum Lesen da, man sieht sie auch. Hans Peter Willberg

Schrift hat gegenüber der gesprochenen Sprache aber einen wesentlichen Mehrwert: Sie kommuniziert mit Sprache und Bild. Jede Rezeption von Schrift ist dadurch lesen und sehen zugleich. Lesen ist ein sehr funktioneller Vorgang, der eine Reihe von aufeinander abgestimmten Mechanismen nutzt und voraussetzt – Lesen ist quasi Fließbandarbeit in unserem Kopf
26 (mehr dazu siehe Kapitel 3). Sehen hingegen ist sehr viel freier und individueller. Was gesehen wird, ist stark von der Betrachterin, dem Betrachter abhängig, denn die persönlichen Erfahrungen, Entwicklungen und Erin-

a, b

a, c

Schrift beeinflusst die Atmosphäre und unsere Vorstellungen. Welches Buch wird nach Ihren Vorstellungen exklusivere Rezepte enthalten?

nerungen beeinflussen diesen Sehprozess. Sie lösen Assoziationen aus und jeder hat somit sein eigenes Bild, was gesehen wird.

Der Grund dafür, warum Menschen schon immer und noch immer von Schrift beeinflusst werden, ist, dass Lesen eben nicht ohne (emotionales) Sehen funktioniert. Den meisten ist das nicht bewusst, weil sie sich nicht im Speziellen mit Schrift und Typografie beschäftigen, die Wirkung ist dennoch da. Schrift ist ein Kulturgut und diese Wirkung ist ähnlich wie bei anderen kulturellen Einflüssen. Es beschäftigen sich ebenso nicht alle Menschen mit den verschiedenen Baustilen der Architektur, mit den unterschiedlichen Kunstepochen, mit Musikrichtungen, Modestilen etc. Dennoch kann jeder entscheiden, was ihn anspricht oder was eben nicht – und das ohne jegliche Zusammenhänge und Hintergründe zu kennen. Kultur generell – und damit auch die Schrift – gibt Dingen durch ihre Qualität und ihre Ästhetik einen Mehrwert. Einen Mehrwert, der die Funktion übersteigt und rein zweckmäßig vielleicht auch nicht unbedingt gebraucht wird. Diese Ästhetik ist aber das, was Menschen anspricht und somit unterstützt sie dadurch indirekt wiederum die Funktion eines Gegenstandes. Wie die gesprochene Sprache, beeinflusst Schrift und Typografie durch diese Gegebenheiten folglich unsere Stimmung. Oder um es etwas anschaulicher zu beschreiben:

a, d

Studio Lichtblick

PORTRAITS STORIES FASHION

Antonia Müller
Fotografin

Musterweg 7
1050 Wien

T +43 664 12 34 56 78
am@studiolichtblick.com

@studiolichtblick
studiolichtblick.com

PORTRAITS STORIES FASHION

Antonia Müller

Fotografin

am@studiolichtblick.com
T +43 664 12 34 56 78

Studio Lichtblick Musterweg 7 1050 Wien
@studiolichtblick studiolichtblick.com

Nicht nur die Schrift selbst, auch die typografische Anordnung trägt zu einem großen Teil zur Schriftwirkung bei. Der Text ist bei beiden der gleiche – bei welcher Visitenkarte nehmen Sie aber welchen Inhalt zuerst wahr?

Schrift und Typografie sind wie schlechte Luft oder das Wetter. Wir nehmen diese Umweltfaktoren grundsätzlich nicht ständig bewusst wahr, passen sie aber nicht, wirkt sich das, auch wenn wir das nicht wollen, auf unsere Stimmung aus.

Die visuelle Sprache bzw. die visuellen Stimmungen sind dabei genauso vielfältig wie die Menschen. Für welchen Wein entscheiden Sie sich, wenn Sie vor dem Weinregal stehen? Welcher spricht Sie besonders an? Und was ist es, das Sie besonders anspricht? Der Jahrgang, die Rebsorte, das Weingut oder doch das Etikett? Die Auswahl ist immens groß und ein Riesling schmeckt eben nicht wie jeder andere Riesling. Dieselbe Rebsorte, derselbe Ausgangspunkt, dennoch hat die Individualität einer jeden Winzerin, eines jeden Winzers eine eigenständige Geschmacksrichtung hervorgebracht.

Die Gestaltung kann und soll diese Differenzierung kommunizieren. Dem Individuellen soll ein Gesicht gegeben werden. Menschen, Marken, Inhalte, sie alle wollen durch ihre Unterschiedlichkeit eine bestimmte (Ziel-) Gruppe von Menschen erreichen. Würden alle Winzerinnen und Winzer ihre Flaschen mit der gleichen Schrift und der gleichen typografischen Anordnung gestalten, gäbe es diese Diversität nicht. Alle hätten dasselbe Erscheinungsbild und würden sich nur durch ihren Namen unterscheiden. Es würden nur mehr inhaltliche Nachrichten übermittelt werden und die emotionale Botschaft wie Qualitätsansprüche, Werte und Visionen, all das ginge verloren.

a NN Allegra Book
b Ohno Fatface Narrow
c SangBleu Empire Regular Italic
d Laica A Medium

Schrift hat ein Gesicht

Diese Wirkung von Schrift hat mehrere Ursprünge. Einerseits durch die *Form der Buchstaben*. Rund, zart, hart, elegant, grob, kantig, geometrisch – die Charakteristika von Schriften sind sehr unterschiedlich.

Andererseits eben durch das *subjektive Empfinden* – durch den Zeitgeist, was eine Schrift durchlebt hat oder in welchen Zusammenhängen die Schrift häufig verwendet wird und was Menschen dadurch mit ihr verbinden. Das kommt daher, dass, wenn einmal etwas im kollektiven Gedächtnis abgespeichert ist, es sich nur sehr schwer wieder revidieren lässt.

Die Wirkung von Schrift ist darum immer ein Zusammenspiel der Form, kulturellen Prägungen und eben auch persönlichen Assoziationen. ›Die Schrift gefällt mir nicht oder finde ich gut‹ sind berechtigte Ansichten eines Einzelnen. Sie sind berechtigt, aber im Hinblick auf die im ersten Kapitel
14 beschriebenen Funktionen der Typografie nicht unbedingt zielführend. Die erste Frage lautet daher, entspricht die Schrift dem vorgesehenen Kommunikationszweck und kann sie ihre Aufgabe erfüllen. Erst danach sollten eigene Vorlieben die Gestaltung bestimmen.

a **Grüaß di**

b *Grüaß di*

c Grüaß di

Buchstaben sind der Tonfall unserer Stimme und haben Charakter. Auch Schrift kann daher auch mehr oder weniger einladend sein.

Begrüßen wir jemanden, kann ein gesprochenes ›Hallo‹ durch die begleitenden Ausdrucksmöglichkeiten beispielsweise fröhlich, ernst, distanziert, nervös oder schüchtern klingen. Gesprochene Worte lösen ganz automatisch Kopfkino aus und wir entscheiden unter anderem schon in den ersten Sekunden, ob uns jemand sympathisch erscheint oder nicht.

Auch Buchstaben können das. Auch ein geschriebenes ›Hallo‹ kann fröhlich, ernst, distanziert, nervös oder sogar schüchtern sein. Auch Gedrucktes kann im ersten Moment unsympathisch oder sympathisch sein. Das ist der Moment, in dem wir entscheiden, ob wir einen Text lesen wollen oder nicht. Die Details machen dabei den Unterschied. Buchstaben sind nicht nur *characters* (engl.), sie haben auch Charakter. Buchstaben sind wie Gesichter. Sie bestehen immer wieder aus den gleichen Grundformen (Augen, Nase, Mund, Stirn, Kinn, Ohren …) und trotzdem entsteht durch die kleinste Veränderung (größer, kleiner, spitziger, stumpfer, breiter, schmaler, runder, eckiger …) dieser Grundformen eine andere Wirkung. Die Anzahl der Variationsmöglichkeiten ist groß. Aber egal wie sich die Wirkung verändert, bleiben die Grundformen bestehen, werden wir immer ein Gesicht – oder eben Buchstaben – erkennen.

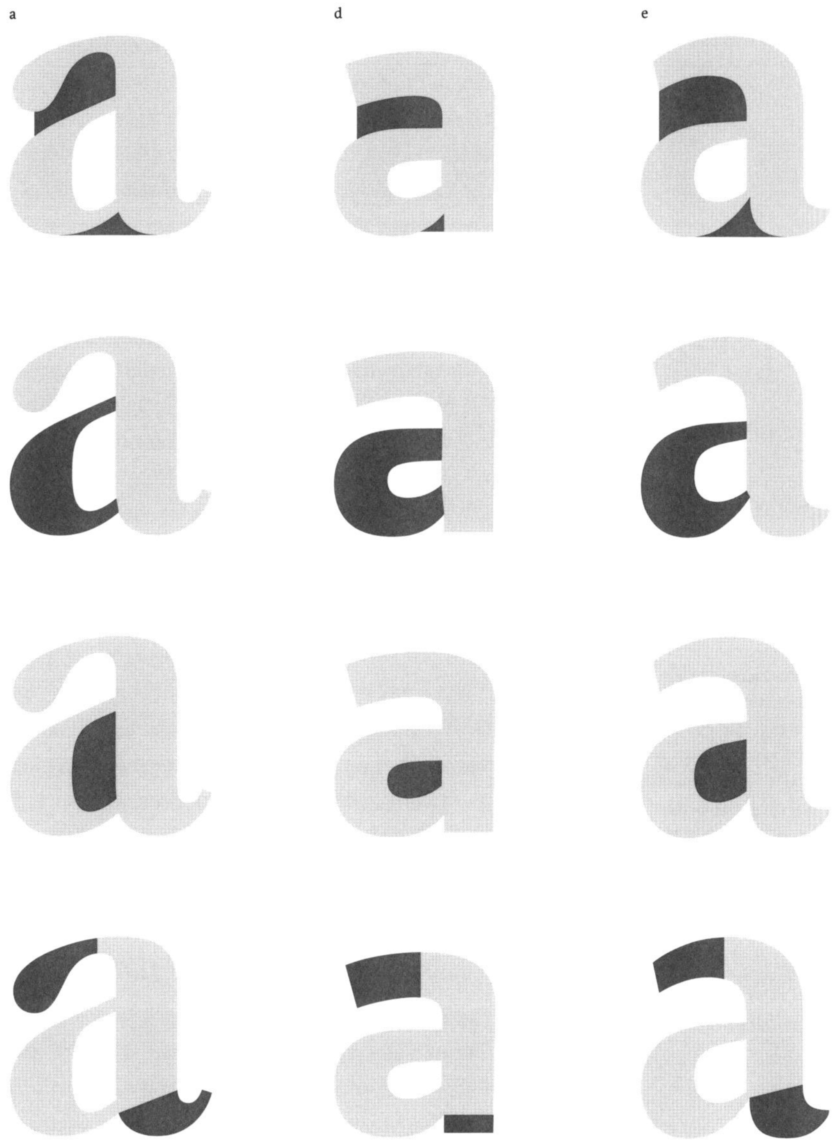

Die Formvielfalt von Buchstabendetails und ihre Auswirkung auf den Charakter der Zeichen.

a Saol Text Bold
b Kepler Regular Italic
c Granville Regular
d NN Allegra Bold
e Pensum Bold

a Typografie

b Typografie

c Typografie

d Typografie

Kleine Details haben im Schriftbild eine große Wirkung. Die gleichen vier Schriften wie auf der Seite gegenüber im Wortvergleich in der gleichen Schriftgröße.

Neben den Formdetails der Buchstaben beeinflussen die verschiedenen Proportionen innerhalb von Buchstaben den Charakter einer Schrift. Einerseits das *Verhältnis zwischen Haarlinie und Grundstrich,* anderseits die vertikalen und horizontalen Proportionen, die *Buchstabenbreite* sowie die *Buchstabenhöhen.* Sieht man bei den vier beispielhaften Schriften auf der gegenüberliegenden Seite genauer hin, kann man auch ohne Lineal einige charakteristische Unterschiede erkennen:

Die Pensum → *a* und die Caslon → *b* haben einen sehr starken Strichstärkenkontrast, bei der Brandon Grotesque → *c* dagegen sind die Strichstärken sehr gleichmäßig und die Unterschiede fast nicht zu erkennen; sie ist deshalb eine Monoline.

Deutliche Unterschiede gibt es auch bei der Buchstabenbreite. Das große ›H‹ der Parka → *d* ist um einiges schmaler als das der Caslon. Dementsprechend proportional unterschiedlich breit sind die anderen Buchstaben.

Die ›H‹s der vier Beispielschriften sind alle gleich groß gesetzt. Dennoch gibt es durch die unterschiedlichen Proportionen der übrigen Höhen (Mittel-, Ober- und Unterlänge) eine veränderte Größenwirkung. Bei der Caslon und der Brandon Grotesque enden Versalhöhe und Oberlänge auf derselben Höhe und das ›x‹ ist gleichauf mit der Höhe des Querbalkens des ›H‹. Bei der Pensum und der Parka ist die Oberlänge noch ein Stückchen länger als die Versalhöhe und das ›x‹ ist im Verhältnis sehr hoch. Auch bei den Unterlängen gibt es im direkten Vergleich solche Verhältnisunterschiede.

Diese Feinheiten scheinen im ersten Moment etwas übereifrig. Genau diese Feinheiten sind es aber, die den Charakter von Buchstaben und in ihrer Gesamtheit die Schrift formen und unter
33 anderem wichtig für die Lesbarkeit eines Textes sind. Außerdem geht es im ersten Schritt gar nicht darum, all diese Feinheiten sofort zu erkennen, sondern viel mehr darum, zu verstehen, wie sie die Schriftbildwirkung und damit den Schriftcharakter verändern.

Die Pensum hat eine sehr hohe Mittellänge, und Versalhöhe und Oberlänge enden auf verschiedenen Höhen. Der Strichstärkenkontrast ist ausgeprägt, die Buchstaben sind eher normal breit.

a

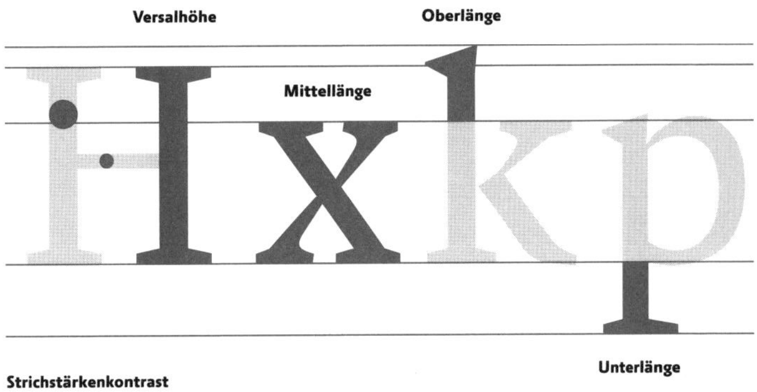

Bei der Caslon enden Versalien und Oberlängen auf der selben Höhe. Die x-Höhe ist relativ niedrig und fast gleich auf mit dem Querbalken vom ›H‹. Der Strichstärkenkontrast ist sehr ausgeprägt. Durch die längeren Serifen wirken die Buchstaben breiter.

b

Die Brandon Grotesque hat eine sehr gleichmäßige Strichstärke. Die x-Höhe ist eher gering. Die k-Höhe und Versalhöhe sind gleichauf. Die Buchstaben sind zudem normal breit.

c

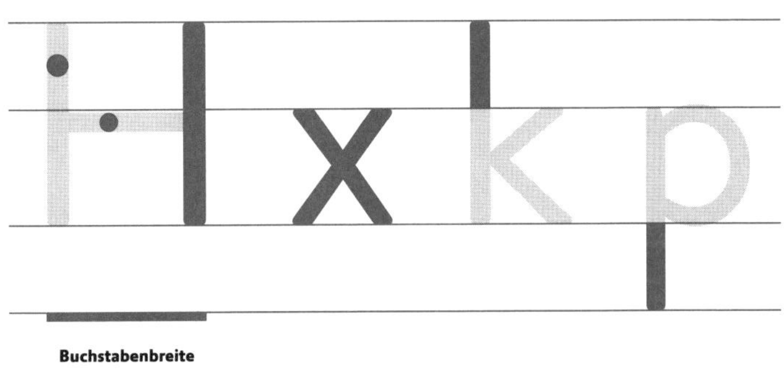

Die Parka hat eine sehr hohe Mittellänge, dadurch ist auch die Unterlänge relativ kurz. Oberlänge und Versalhöhe sind unterschiedlich ausgeprägt. Die Buchstaben haben einen gleichmäßigen Duktus und sind sehr schmal gestaltet.

d

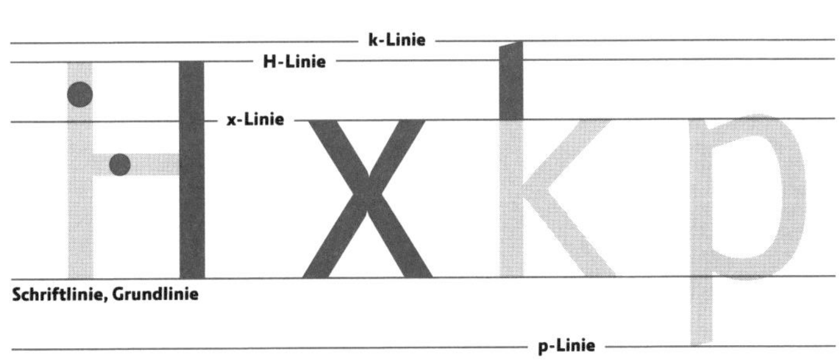

Verschiedene Formverhältnisse von Buchstaben im Detailvergleich.

a Pensum Regular
b Adobe Caslon Regular
c Brandon Grotesque Regular
d Parka Regular

a

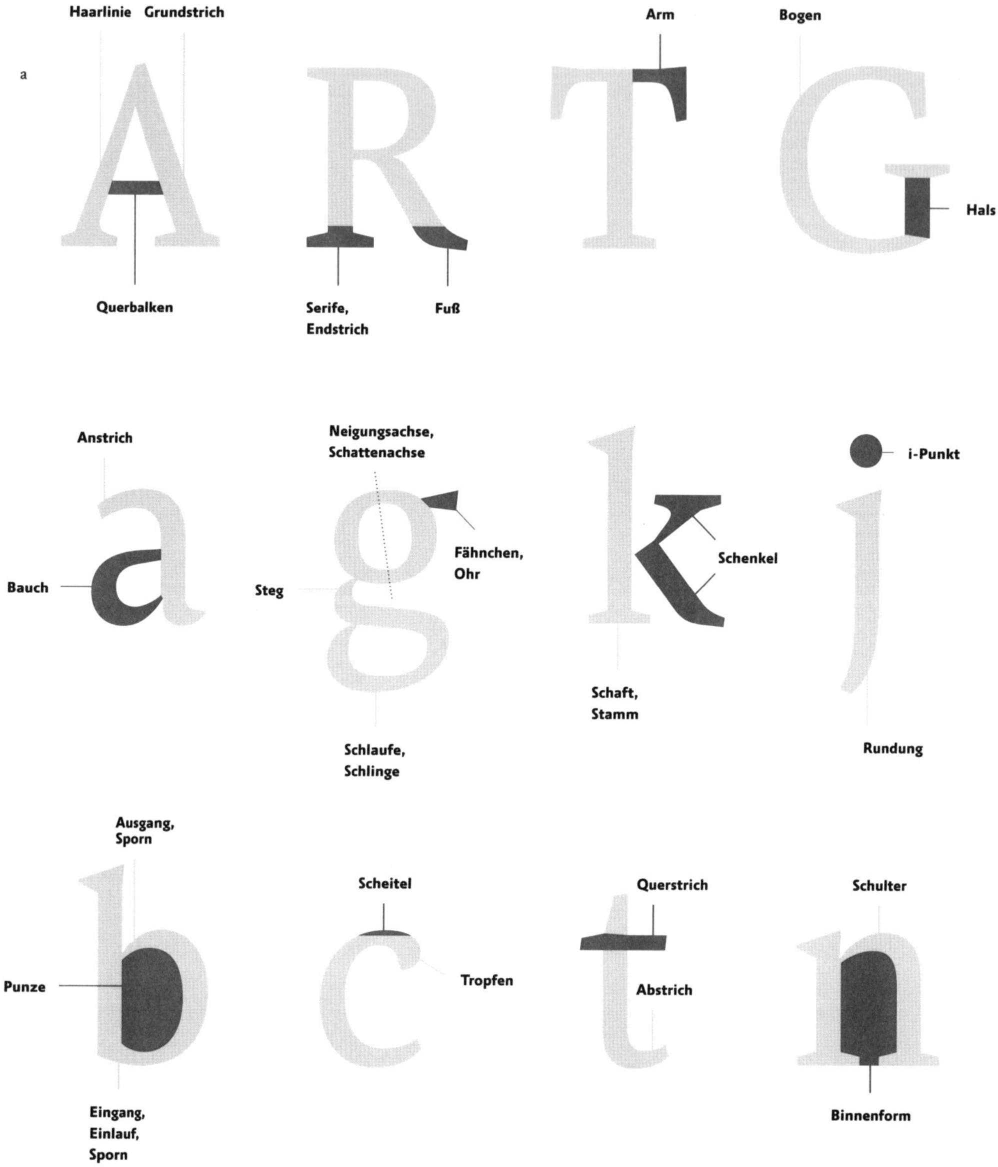

Bei der Beschreibung von charakteristischen Details von Buchstaben hilft die Anatomie der Buchstaben.

Zur Beschreibung der Formdetails von Buchstaben gibt es ähnlich wie beim Menschen im übertragenen Sinne die Anatomie der Buchstaben. Die Nasen, Ohren, Augen der Buchstaben werden unter anderem An- und Abstriche, Punzen, Binnenformen genannt. Einige Bezeichnungen der menschlichen Anatomie finden sich auch in der typografischen wieder.

Schrift kommuniziert Absichten

Wozu dieses Bewusstsein über Schriftcharakter wichtig ist? Die Absicht einer jeder Kommunikation ist es, ein erwartetes und beabsichtigtes Ziel zu erreichen. Beim Sprechen sind wir uns dessen bewusst und haben von klein auf gelernt, unsere Sprache dem Gegenüber anzupassen, sodass wir mit Freundinnen, Freunden, Eltern, Vorgesetzten oder unbekannten Menschen unterschiedlich kommunizieren. Wir passen uns an, weil wir uns entsprechend präsentieren und mit unserer Kommunikation etwas erreichen wollen. Durch die Routine haben wir gelernt, wie wir die Möglichkeiten von Stimme, Körpersprache und Wortwahl ausloten können. Diese Routine, die wir uns im Sprachgebrauch angeeignet haben, brauchen wir für ein gezieltes Verwenden auch in der Gestaltung.

Die Besonderheit in der Gestaltung liegt außerdem darin, dass die Kommunikation nicht direkt ist. Eine Gestalterin, ein Gestalter kommuniziert meist nicht die eigenen Inhalte und Absichten, sondern die der Auftraggeberin oder des Auftraggebers. Man agiert als typografische Übersetzerin bzw. typografische Übersetzer. Gestaltende müssen dabei einerseits die Absichten vom Absender (Kundin, Kunde) verstehen und anschließend die Botschaft bewusst für Empfänger (Zielgruppe) aufbereiten.

Die *Schrift* und die *typografische Gestaltung* sind das wichtigste Werkzeug zur Charakterisierung und Differenzierung für bewusste, wirkungsvolle Kommunikation.

Noch einmal zur Erinnerung: Wir *lesen* und *sehen* Schrift zugleich. Alles was wir lesen, nehmen wir rational und emotional wahr. Wir kommunizieren Fakten und Emotionen gleichzeitig, jede visuelle Kommunikation ist dadurch zugleich auch eine Interpretation des Inhalts. Man kann nicht nicht kommunizieren laut Paul Watzlawick. Auch visuell nicht. Jede Schrift hat eine Stimme, jede Gestaltung einen Tonfall und damit eine Absicht. Im besten Fall eine bewusste.

a Pensum Regular

Wie Schrift verarbeitet und gelesen wird

Die Rahmenbedingungen des Lesens

Lesen ist für Menschen, die Lesen gelernt haben, etwas sehr Banales. Es geschieht ganz automatisch. Die Müsliverpackung, die Buslinie, WhatsApp-Nachrichten, die verschiedenen Werbeplakate und Orientierungsschilder – bis wir morgens unser Ziel erreicht haben, haben wir schon so viele Inhalte gelesen, ohne dass wir uns bewusst fürs Lesen entschieden haben.

In unserem Alltag ist das auch gut so. Lesen ist visuelle Kommunikation und Kommunikation dient der zwischenmenschlichen Verständigung. Wir beschäftigen uns während eines Gesprächs ja auch nicht damit, wie das gesprochene Wort zustande kommt. In unserem Alltag als Gestalterin, als Gestalter erzeugen wir aber genau diese visuelle Kommunikation, mit der andere Menschen tagtäglich in Berührung kommen. Es macht deshalb Sinn, sich einmal die grundlegendsten Rahmenbedingungen genauer anzusehen, um zu verstehen, wie wir diese in der Gestaltung optimal nutzen können.

Objekt

a **a**

Der Buchstabe wird von Licht bestrahlt und reflektiert Licht.

↓

Auge

Diese Lichtimpulse gelangen als diffuse Ansammlung von Lichtpunkten und auf den Kopf gestellt zur Fovea.

↓

Gehirn

a

Unser Gehirn korrigiert und interpretiert dann aus vielen Impulsen das Gesehene.

Der Wahrnehmungsvorgang von Buchstaben.

Die Verarbeitung von visueller Kommunikation beginnt mit dem Sehen von Schrift. Sehen ist, sehr vereinfacht erklärt, nichts anderes als das Wahrnehmen von Licht- und Farbimpulsen. Schauen wir uns um, glauben wir, einen relativ großen Bereich dieser Impulse gleichzeitig zu sehen. Tatsächlich ist es aber so, dass wir pro Auge nur mit etwa zwei Grad unseres Sehfeldes Licht- und Farbimpulse aufnehmen können, weil wir nur in einem sehr kleinen Bereich in unserem Auge genügend spezialisierte Zäpfchen dafür haben. Dieser Bereich, der dafür verantwortlich ist, nennt sich Fovea centralis oder auch Sehgrube, ist nicht einmal zwei Millimeter groß und Teil der Retina (Netzhaut). Die Fovea ist unser Sehsensor. Je weiter weg Objekte von dieser Fovea sind, desto weniger genau sehen wir sie, weil die Anzahl der spezialisierten Zäpfchen auf der restlichen Netzhaut schrittweise abnimmt.

Das Sehfenster ist durch die Fovea aber nicht nur sehr klein, wir sehen mit ihr das, was wir sehen, auch nicht sehr scharf. Die natürliche Lichtbrechung sorgt dafür, dass, bis das Licht auf die Netzhaut gelangt, es beim Durchlauf mehrerer Schichten nur mehr als diffuser Lichtimpuls erscheint. Dass wir trotzdem scharf sehen, liegt an unserem Gehirn. Es erstellt in einem sehr komplexen Prozess, aus unendlich vielen, kleinen und ständig aktualisierten Einzelbildern, ein Gesamtbild und gleicht damit die Lichtbrechung wieder aus. Das Resultat ist ein präzises Sehfeld, ohne dass wir von unseren physischen Einschränkungen jemals etwas bemerken.

a NN Allegra Bold

Der Lesevorgang

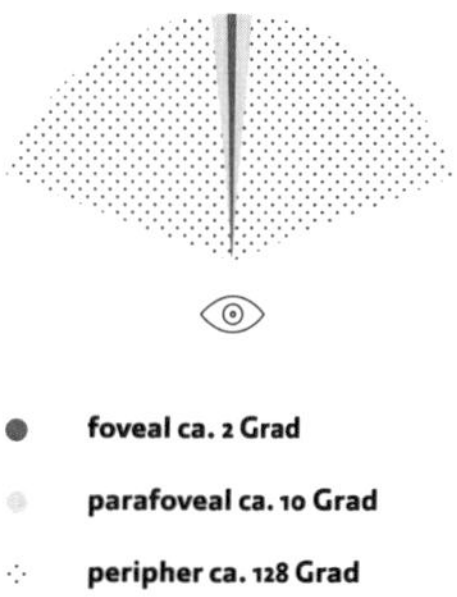

Das Sehfeld eines Auges umfasst ungefähr 140 Grad. Wirklich scharf sehen können wir aber nur mit 2 Grad davon.

Damit Lesen trotz dieser physischen Einschränkungen möglich ist, machen wir beim Lesen ständig ruckartige Bewegungen, um einen Text vollständig zu erfassen. Diese Bewegungen der Augen werden Saccaden genannt und werden immer wieder durch kurze Fixierungen, sogenannte Fixationen, unterbrochen. Und auch wenn für uns das Lesen sehr ausgeglichen und ruhig erscheint, tasten unsere Augen Zeile für Zeile ungleichmäßig in mehreren Saccaden ab und springen in einer weiteren Saccade in die nächste Zeile. Wir sehen nie eine gesamte Seite oder einen ganzen Absatz auf einmal. Wir sehen nur die im Fixierungsraum liegenden zehn bis maximal zwölf Buchstaben für einen sehr kurzen Ruhemoment von etwa 0,2 bis 0,3 Sekunden scharf. Alles andere nehmen unsere Augen am Rande (auch peripher genannt) und nur undeutlich wahr.

Bei einer Leseanfängerin, einem Leseanfänger enthalten Saccaden am Anfang lediglich einen Buchstaben. Mit der Zeit und mit etwas Übung werden sie immer größer. Kurze Wörter wie Hilfsverben, Pronomen oder Artikel werden dann übersprungen, weil sie für den Inhalt eines Satzes nicht essenziell sind. Dagegen erschweren seltene, lange oder fremde Wörter, komplizierte Sätze, schwierige Themen, missverständliche Buchstaben oder eine falsche Rechtschreibung den Leseprozess und führen zu Regressions-Saccaden. Bei Regressions-Saccaden springt das Auge dann noch einmal an die uneindeutige Stelle zurück, um sich zu vergewissern.

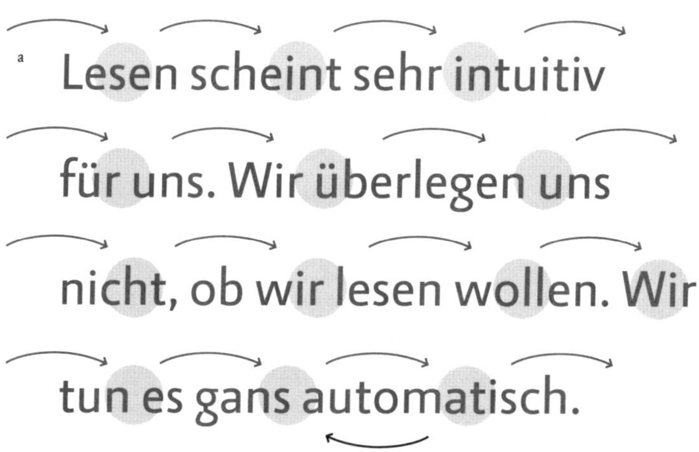

Beim Lesen springt das Auge von Fixationspunkt zu Fixationspunkt. Irritiert uns dabei etwas, springen wir wieder zurück.

a Wir überlegen uns

parafoveal | foveal | parafoveal | peripher

Bedingt durch die Schreib- und Leserichtung ist der Fixationsmittelpunkt leicht nach links verschoben und nicht, wie man glauben könnte, mittig.

Beim Lesen springt das Auge von einem zum nächsten Fixationspunkt. In der Verschwommenheit (parafoveal) neben der Fixation (foveal) nehmen wir dann nur noch die Weißraumverteilung wie Wortabstände, horizontale Schriftproportionen oder die Wortlänge wahr. Diese Elemente sind aber genauso wichtig, da sie unseren Augen helfen, die nächste Fixation zu planen.

Beim Lesen lassen wir unsere Augen am liebsten dort ruhen, wo ein Wort die meisten herausragenden Punkte (zum Beispiel i-Punkte, die Spitzen der Oberlängen oder auch Großbuchstaben) hat, ein differenziertes und damit eindeutigeres Schriftbild liest sich daher leichter als ein gleichmäßiges.

a Typografie
Typagrofie

Wir können Buchstaben nicht isoliert betrachten. Stehen sie gemeinsam mit anderen Buchstaben in einem Wort, nehmen wir immer das Wort und nicht nur den Buchstaben wahr. Oder haben Sie auf den ersten Blick, noch vor dem Wort oder dem Fehler in der Rechtschreibung, die unterschiedlichen ›g‹s bemerkt?

Um die Erkennung von Buchstaben zusätzlich zu erleichtern und zu beschleunigen, greift das Gehirn auf bereits Gelerntes zurück und setzt jedes Objekt im Verhältnis zu seinem benachbarten Objekt. Das heißt, wir können – wie auch im Alltag – Objekte (Buchstaben) nicht einzeln erkennen, ohne das Umfeld (das Wort) mit zu verarbeiten. Das ist beim Lesen sehr praktisch, da durch diesen ständigen Kontextbezug Mehrdeutigkeiten von Buchstaben gleich eliminiert werden, wenn sie keinen Sinn ergeben beziehungsweise in weiterer Folge so auch unklare oder falsch geschriebene Wörter erkannt werden können.

a NN Allegra Book

Um zu verstehen, was genau alles beim Abtasten der Buchstaben in unserem Kopf passiert, kann man zwei Stufen des Lesens und damit zwei Begriff-
33 lichkeiten ⟶ **Leserlichkeit** und ⟶ **Lesbarkeit** unterscheiden:

Die Leserlichkeit

a

Manche Buchstaben lassen sich problemlos spiegeln und bleiben auch gespiegelt erkennbar. Bei anderen funktioniert das allerdings nicht.

Im ersten Schritt – der Leserlichkeit – geht es um *das Erkennen, das Unterscheiden* und *das Zuordnen* von einzelnen Zeichen. Das bedeutet, dass wir das Charakteristische einer Buchstabenform erkennen und damit eindeutig zuordnen können. Beispielsweise ein ›a‹ wird deutlich als Buchstabe ›a‹ wahrgenommen. Warum ein ›a‹ aussieht wie es aussieht, dafür gibt es keine offensichtliche Erklärung, die man ohne Vorwissen von selbst ableiten könnte. Als Leseanfängerin, Leseanfänger müssen wir daher erst mühsam erlernen, aus welchen Formen unser Alphabet besteht, damit wir mit diesen symbolhaften Zeichen kommunizieren können.

Beim Erlernen unseres Alphabets gibt es drei große Schwierigkeiten:

Die Buchstabenvielfalt. Lesen zu können, setzt voraus, alle Buchstaben in jeder beliebigen Varianz wieder zu erkennen – und das egal ob Groß- oder Kleinbuchstaben verwendet werden, ob sie von Hand geschrieben, gedruckt, gelettert wurden und auch unabhängig von der Schriftart.

Die Buchstabenähnlichkeit. Unsere 26 Buchstaben schöpfen bei ihrer Formgebung alle aus dem gleichen Kanon an Grundelementen, die immer wieder neu kombiniert werden und somit nicht völlig einzigartig sind. Diese grundlegende Ähnlichkeit ist im Sinne eines ungestörten und automatisierten Lesens zwar gut, dennoch müssen sich Buchstaben deutlich vom nächsten unterscheiden, damit es zu keinen Verwechslungen kommt.

Die Spiegelsymmetrie. Ein (überlebenswichtiges) Bedürfnis in unserer Evolution war es, bereits gewonnene Erkenntnisse von bestimmten Objekten auch auf gespiegelte Objekte zu übertragen. Das heißt, haben wir gelernt, ein Objekt/ein Tier/eine Gefahr etc. von rechts zu erkennen, erkennen wir es/sie auch von links. Beim Lesen wird diese Fähigkeit jedoch zu einem Nachteil und wir müssen unser Gehirn für diese eine Tätigkeit ›umprogrammieren‹. Für Leseanfängerinnen und -anfänger ist ein ›b‹ ein schmaler, rechteckiger Stab mit einem Bogen und sie verstehen im ersten Moment darum nicht, warum ein gedrehtes und oder gespiegeltes ›b‹ auf einmal ein ›d‹, ›p‹ oder ›q‹ sein soll. Zumal dieses Spiegeln bei anderen Buchstaben ja theoretisch funktioniert (ein ›g‹ oder ›e‹ ist gespiegelt kein anderer Buchstabe).

b 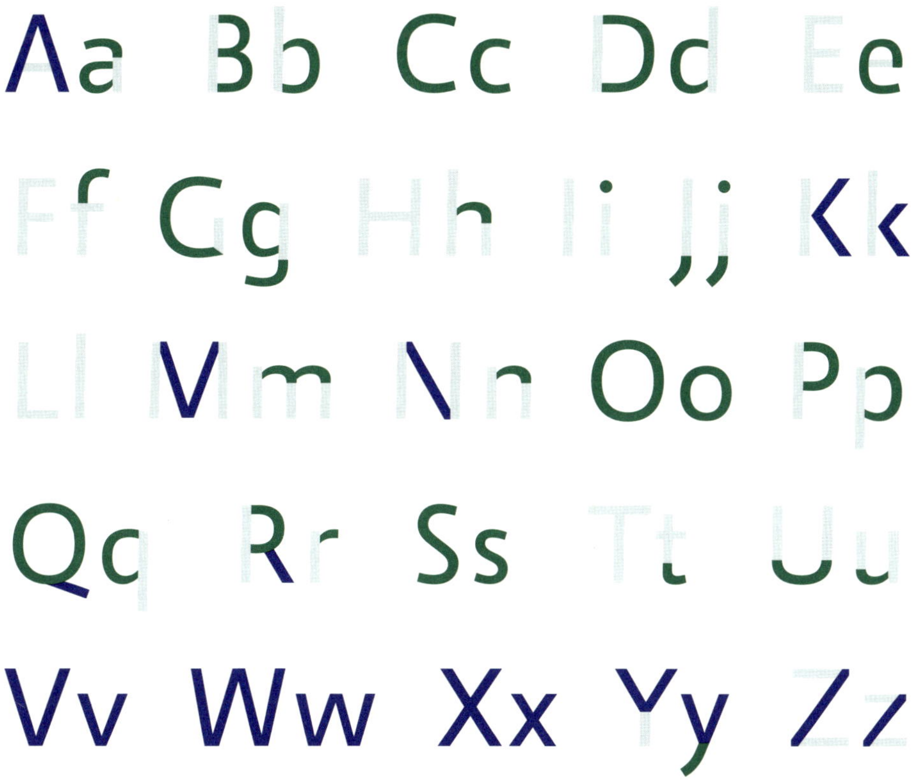

● diagonale Striche ● Rundungen ▪ vertikale und horizontale Striche

Unsere Buchstaben sind eine Kombination von Elementen, abgeleitet von den Grundformen Kreis, Dreieck und Rechteck.

Unsere Buchstaben bestehen in ihren Grundformen aus meist ein bis vier Strichen, die vertikal, horizontal, diagonal oder in unterschiedlich großen Kreisbögen aufeinandertreffen. Die Unterschiede sind oft minimal. Einige anschauliche Beispiele: Aus einem ›O‹ wird ein ›Q‹ durch einen zusätzlichen Querstrich – den Schweif. Ein ›C‹, ›G‹ und ›O‹ unterscheiden sich nur durch die Öffnung und einen vertikalen Strich. Auch beim kleinen ›c‹, ›e‹ und ›o‹ ist der große Unterschied nur eine Öffnung und ein vertikaler Balken, der den Innenraum unterteilt.

Die Abbildung oberhalb zeigt bewusst durch die farblichen Hervorhebungen die Ähnlich- und Unterschiedlichkeiten unserer Buchstaben. Die Unterschiede in den Buchstaben selbst sind zwar oft minimal, inhaltlich macht ein anderer Buchstaben in einem Wort aber einen großen Unterschied.

a Futura Medium
b NN Allegra Book

a b c

Die Grundform, die Essenz für die Mustererkennung des kleinen ›k‹s bleibt dieselbe, aber durch kleine Veränderungen in der Detailgestaltung entsteht eine Formvielfalt.

Buchstaben bringen also von vornherein gewisse Schwierigkeiten mit sich. Damit wir trotzdem lesen können, vollbringt unser Gehirn die große Leistung, sich beim Erkennen von Buchstaben nicht auf die konkrete Ausformung, sondern auf die relevanten Unterschiede zu konzentrieren. Unser Gehirn speichert sich eine Essenz der grundlegendsten Merkmale jedes Buchstabens. Lesen funktioniert dann ähnlich wie das Erkennen von Mustern. Diese Mustererkennung ist ebenfalls ein sehr grundlegendes Bedürfnis, das wir von Geburt an nutzen, um Objekte zu identifizieren. Völlig intuitiv eignen wir uns einen Katalog an wiederkehrenden Mustern und Strukturen an, um visuelle Formen zu erkennen, zu unterscheiden und zuzuordnen. Die Rede ist hier ganz bewusst von Mustern und nicht ganzen Objekten, denn unser Gehirn hält es nicht für nötig, alle Merkmale eines Gegenstandes zu speichern, es konzentriert sich auf das Wesentlichste. Je mehr wir von der Außenwelt gesehen haben, umso umfangreicher wird dieser Musterkatalog. Dieser Katalog hilft uns, alle möglichen Gegenstände aus verschiedenen Lagen, Positionen, bei unterschiedlichem Licht, in unterschiedlichen Größen und selbst dann, wenn ein Teil des Gegenstandes von einem anderen Gegenstand verdeckt ist, als gesamtes Bild zu erkennen.

Diese Mustererkennung wird zusätzlich durch die Ausformung der Buchstaben unterstützt. Buchstaben bestehen aus Formelementen, auf die der Mensch unbewusst sensibilisiert ist, weil sie auch im Alltag bei Objekten vorkommen. Es sind dadurch ›Protobuchstaben‹ in unserem Gehirn gespeichert, die u. a. ›T‹, ›Y‹, ›F‹ oder ›L‹-Formen beinhalten. Diese Formen entstehen in den Konturen von komplexen dreidimensionalen Objekten. Wir haben uns schon vor dem Lesenlernen angewöhnt, diese Konturen in einfache Formen zu zerlegen, sie zu verstehen und dann zu verwenden. Diese Fähigkeit nutzen wir beim Lesen daher in der selben Art und Weise.

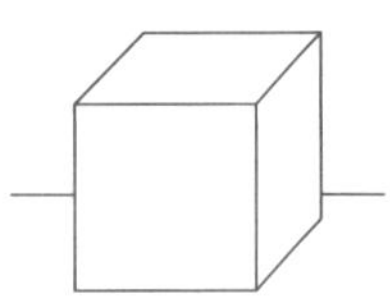

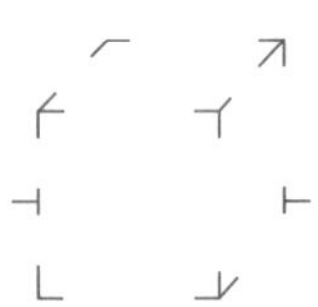

Wir können gar nicht anders und zerlegen die Kontur von komplexen Objekten. Diese einfachen, gelernten Formen ähneln unseren Buchstaben und vereinfachen somit den Leseprozess.

Um diese Mustererkennung zu verstehen, denken Sie etwa einmal an einen Baum. Welche Elemente benötigen wir, um einen Baum zu erkennen, um ihn von einem Strauch zu unterscheiden und anschließend als Baum zuordnen zu können? Grundlegend besteht ein Baum aus einem länglicheren Rechteck, dem Stamm und einer Krone. Wie diese Krone aussieht ist aber völlig egal. Sie kann dreieckig, lang und dünn, aber genauso rechteckig, rund, groß und dick sein. Und auch wenn der Baum halb verdeckt oder im Schatten von anderen Bäumen ist, bei Tag oder bei Nacht gesehen wird, selbst wenn er gefällt am Boden liegt, werden wir beim Hinsehen (auch beim unbewussten) immer sofort einen Baum erkennen. Erkennbar bleibt er zudem, wenn wir ihn aus unterschiedlichen Blickwinkeln betrachten – etwa auf einem Foto.

Die Lesbarkeit

Bei der Leserlichkeit war bisher immer nur vom Erkennen, Unterscheiden und Zuordnen der Buchstaben die Rede. Im nächsten Schritt, der Lesbarkeit, wird auch die *Verständlichkeit des Textes* und *der Lesefluss* miteinbezogen. Lesbarkeit ist das große Ganze, das die Gestaltung der Schrift und die Gestaltung mit ihr, sowie Inhalt, Sprache und Aufbau in den Leseprozess miteinbezieht.

Buchstaben sind die erste und kleinste Einheit des Lesens. Sie sind Symbol für einen Laut. Damit wir aber Inhalte verarbeiten können, müssen aus Buchstaben Wörter, aus Wörtern Satzteile und aus Satzteilen ein Satz entstehen. Wörter sind die kleinste Einheit einer Information. Beim Lesen werden diese von der Retina im ersten Schritt auseinandergestückelt und dann Schritt für Schritt in einem phonologischen und lexikalischen Vorgang wieder zusammengesetzt. *Phonologisch* bedeutet, die einzelnen Buchstaben werden in Laute umgewandelt. *Lexikalisch* heißt, dass wir das Gelesene mit einem Sinn, der Bedeutung verknüpfen. Bei der geübten Leserin, dem geübten Leser geschieht das parallel bzw. die Vorgänge ergänzen sich.

Wir brauchen die Kombination dieser zwei Wege von Klang und Sinn, weil ein Weg alleine nicht immer eindeutig genug ist, um im Gehirn alle Mehrdeutigkeiten aufzuheben. Beispielsweise bei Wörtern mit gleicher Aussprache, aber unterschiedlicher Schreibweise, sogenannte Homonyme wie ›viel‹ oder ›fiel‹, ›schwamm‹ oder ›Schwamm‹, ›umfahren‹ oder ›umfahren‹. Oder bei Wörtern, die zwei Bedeutungen haben wie ›Bank‹, ›Erde‹ oder ›Schloss‹. Hier brauchen wir den lexikalischen Weg, weil uns die Aussprache alleine nicht weiterbringen würde. Auch bei unbekannten Wörtern gelangen wir durch logische Überlegungen zum Inhalt, weil wir Wörter in uns bekannte Teile zerlegen. Dagegen hilft bei fehlerhaft geschriebenen, seltenen oder neuen Wörtern oft die Aussprache, damit dieses überhaupt verstanden werden kann: ›Händi‹, ›Montör‹, ›pärifär‹.

Der phonologische Weg alleine reicht bei diesen Beispielsätzen nicht aus, um die Bedeutung der Wörter zu erkennen.

d Wir übernehmen die Bank.
Sein Ausdruck war gut.
Sie kaufte sich ein Schloss.

a Ingeborg Bold
b Avenir Next Bold
c SangBleu Kingdom Bold
d NN Allegra Book

Auswirkungen auf die Gestaltung

↓

BUCHEMPFEHLUNG

Noch viel ausführlicher als hier in diesem Kapitel erklärt das Buch ›Buchstaben im Kopf. Was Kreative über das Lesen wissen sollten um Leselust zu gestalten‹ von Antonia M. Cornelius, wie das Lesen funktioniert und was dabei in unserem Gehirn passiert.

Abgeleitet von all diesen Überlegungen ist Lesen das Erkennen und Unterscheiden und Zuordnen von Zeichen, sowie die anschließende Erfassung des Inhalts durch Worte in ihrem Zusammenhang. Obwohl die Theorie zum Lesen sehr kompliziert und aufwendig klingt, ist Lesen, wie zu Beginn des Kapitels schon erwähnt, alles andere als kompliziert. Lesen geschieht so automatisch wie Gehen. Wir achten beim Gehen auch nicht darauf, was genau unsere Füße machen und erinnern uns nicht an jede Kleinigkeit, die wir gesehen haben und doch haben wir irgendwie (mehr oder weniger bewusst) alles wahrgenommen.

Dass das alles so automatisch geschieht ist sehr wichtig – und in der Gestaltung sollte man alles dafür tun, dass das so bleibt. Durch diese Automatisierung bleibt dem Gehirn mehr Kapazität zum Denken und zum Verständnis des Inhalts (bis hin zur emotionalen Bewertung) – ein wichtiger Punkt beim Lesen. Wenn das undeutliche Wortbild Buchstabe für Buchstabe wie ein Bild gedanklich verarbeitet werden muss, können diese Leseautomatismen nicht mehr genutzt werden. Folglich fällt es uns dann schwerer, den Inhalt eines Textes aufzunehmen.

Lesen ist das *Erkennen*, *Unterscheiden* und *Zuordnen* von Zeichen, sowie die anschließende *Erfassung des Inhalts* durch Worte in ihrem Zusammenhang.

Ein Gedankenspiel: Haben Sie schon einmal beim Hinausschauen von einem Innenraum auf das Fenster selbst geachtet? Auf den Rahmen, die Verglasung oder die Öffnung? Vermutlich nicht all zu oft. Außer vielleicht, wenn die Fenster extrem dreckig waren oder der Rahmen besonders schön oder das Fensterkreuz/der Vorhang/die Deko genau die Stelle verdeckt, die Sie betrachten wollen. Dann ärgern Sie sich vielleicht kurz und ändern anschließend Ihre Position, damit Sie einen besseren Blick haben.

Genauso ist es mit Typografie. Typografie ist das Fenster zum Dahinterliegenden. Sie macht dem Inhalt eines Textes Platz. Damit das Dahinterliegende möglichst gut ersichtlich ist, sollte

> die Typografie genauso unauffällig und sauber wie ein Fenster mit Panoramablick sein. Denn Lesen funktioniert dann am besten, wenn wir uns eben nicht von Details ablenken lassen. Ansonsten hat die, der Lesende gar keine Möglichkeit, zu erkennen, ob der Blick es überhaupt Wert ist, weil sie, er sich vorher schon zu sehr anstrengt und vermutlich aufgibt.

Lesen ist nichts Natürliches, das der Mensch intuitiv erlernen kann. Es ist
vielmehr größtenteils davon abhängig, dass wir von Natur aus bereits etwas
ausüben, das dem Erkennen von Buchstaben und Wörtern sehr ähnlich
ist. Diese Herleitung verdeutlicht noch einmal dieses zu Beginn erwähnte
15 Augenmerk auf die *Ergonomie der Augen*. Schrift kann nicht generell gut
oder schlecht sein, sie sollte allerdings in erster Linie ihre Funktion erfüllen,
denn was der Mensch nicht *effektiv* (wirksam und zum Ziel führend) und
effizient (möglichst förderlich und Zeit sparend) nutzen kann, funktioniert
auf längere Sicht gesehen nicht. Um die Ergonomie der Augen mit all ihren
Vor- und Nachteilen wie beschrieben zu unterstützen, ist das Verhältnis
zwischen Schwarz und Weiß entscheidend. So entscheidend, dass es auch
die Hauptaufgabe der Typografie ist. Alles in der Typografie dreht sich um
diese optimale Verteilung der Weißräume. Sie beginnt mit der Schriftge-
staltung beim Setzen des Kontrastes zwischen Haarlinie und Grundstrich,
20 bei der Gestaltung von Buchstabeninnenräumen und Serifen, beim
57 58 Ausgleich von optischen Täuschungen oder beim Kernen und Zurichten
zwischen Buchstaben.

In nächster Instanz übernimmt die, der Gestaltende dieses Spiel vom
74 Rhythmus zwischen Schwarz und Weiß. Einerseits durch die Mikrotypo-
grafie und die Wahl von Schriftgröße, Laufweite, Wortabständen, Zeilen-
106 länge und Zeilenabstand. Andererseits durch die Makrotypografie und
die Formatwahl, durch das Platzieren einer Kolumne im Format, durch das
Festlegen von Farben, durch die Kombination von Bild und Text usw.

Lesbar gestalten bedeutet, dass die Typografie all ihren umgebenden
Widerständen trotzt – das heißt, dass die Oberfläche, auf der die Schrift
platziert ist, der Kontrast zum Hintergrund, die Betrachtungsgröße, äußere
Eigenschaften wie Licht und Materialien, das individuelle Sehvermögen
oder die Lesegewohnheit des oder der Lesenden etc. den Lesevorgang nicht
stören. Lesbarkeit ist ein Zusammenspiel von sorgfältiger Schriftgestaltung
36 74 und intelligenter Typografie, von ⟶ **Schriftqualität** und ⟶ **Satz-
qualität**. Und in weiterer Folge spielen dann noch die sprachlichen Struktu-
106 ren und eine durchdachte ⟶ **Gestaltung** eine entscheidende Rolle.

Wie Schrift gestaltet und ausgewählt wird

Unterscheidungsmerkmale von Schrift

Schriftfamilie

Schrift ist nicht gleich Schrift und um Schrift optimal auszuwählen, ist es gut, einmal die wichtigsten Unterschiede und Begrifflichkeiten zu kennen. Satzschriften werden heute meist als eine ganze Schriftfamilie geplant. Das bedeutet, eine Schrift besteht aus mehreren Familienmitgliedern, den sogenannten Schriftschnitten. Diese Schnitte haben jeweils eine sehr ähnliche Formensprache, unterscheiden sich aber in ihrer Kombination von Strichstärke, den horizontalen Proportionen und der Schriftlage.

a

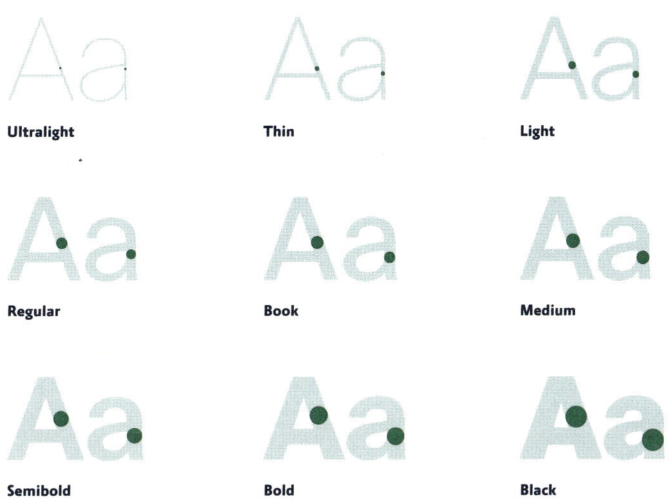

Feine Strichstärken

Mittlere/normale Strichstärken

Kräftigere Strichstärken

Mögliche Strichstärken in einer Schriftfamilie. Die grünen Punkte zeigen den Zuwachs des Duktus von ›Ultralight‹ bis ›Black‹.

Die Unterscheidung nach der *Strichstärke* betrifft die ›Dicke‹ der Schriftkontur. Es gibt von ganz leichten, sie werden ›Ultralight‹ genannt, bis zu sehr kräftigen Schnitten, dem ›Heavy‹-Schnitt, eine Vielfalt an Abstufungen. Die Bezeichnungen können von Schrift zu Schrift variieren. Es gibt keine Konvention, ab wann eine Schrift ›Regular‹ und ab wann sie ›Book‹ ist. Die Namen geben Anhaltspunkte, die Schriftgestalterin, der Schriftgestalter und die Type Foundries entscheiden aber nach eigenem Ermessen, so dass sich für sie eine stimmige Abfolge ergibt.

a Suisse Int'l

a

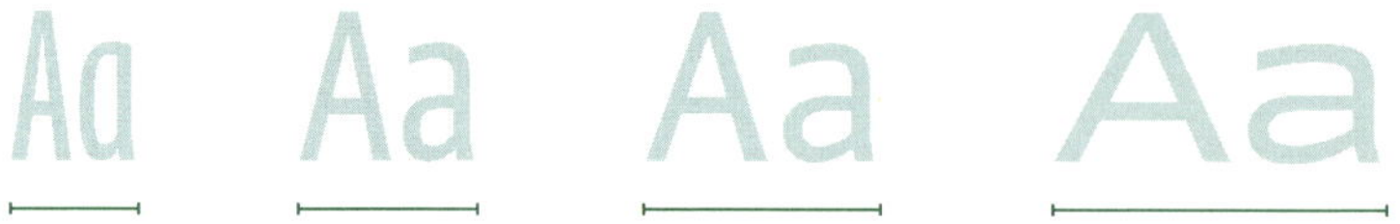

Compressed Condensed Normal Extended

Das Spektrum der Breiten innerhalb einer Schriftfamilie.

Die Unterscheidung nach den horizontalen Proportionen betrifft die *Schriftbreite*. Auch bei der Schriftbreite gibt es keine Regeln, ab wann eine Schrift als ›Normal‹, ›Extended‹ oder ›Condensed‹ bezeichnet wird.

b

Regular Backslant Regular Regular Slanted

Mögliche Lagen innerhalb einer Schriftfamilie.

Bei der Unterscheidung der *Schriftlage* wird die aufrechte und die kursive Schrift gemeint. Die Kursive war ursprünglich eine Schriftform mit einer eigenen Entstehungsgeschichte und eine eigene Schriftart. Im Laufe der Zeit wurden die aufrechte Antiqua und die Kursive jedoch aneinander angeglichen. Heute ist sie Teil einer Schriftfamilie und es gibt sie in denselben Strichstärken und in denselben Schriftbreiten wie die Antiqua. Ebenso gibt es heute neben der klassischen rechtsgeneigten Kursiven vereinzelt auch reverse Italics, also linksgeneigte Schriften.

c

Brush Black Stencil Regular

d

Striped Block

Möglichkeiten für weitere, dekorative Variationen.

Manche Schriften haben neben den Standardschnitten noch besondere, *dekorative Schriftschnittvarianten*. Beispielsweise Stencil-, Brush-, Kontur- oder 3D-Schriften, die passend zum Fließtext für Spielereien oder Displayanwendungen verwendet werden können.

↓

AUSBLICK

Eine sehr aktuelle Entwicklung sind neben den klassischen statischen Schriften sogenannte Variable Fonts. Basierend auf Interpolationsachsen können bei variablen Schriften Merkmale wie Strichstärke, Schriftbreite oder -lage fließend angepasst werden. **Mehr dazu auf Seite 45.**

e

Aa	Aa	Aa
Condensed Book	Narrow Book	Book
Aa	*Aa*	*Aa*
Condensed Book Italic	Narrow Book Italic	Book Italic
Aa	Aa	Aa
Condensed Regular	Narrow Regular	Regular
Aa	*Aa*	*Aa*
Condensed Regular Italic	Narrow Regular Italic	Regular Italic
Aa	Aa	Aa
Condensed Medium	Narrow Medium	Medium
Aa	*Aa*	*Aa*
Condensed Medium Italic	Narrow Medium Italic	Medium Italic
Aa	**Aa**	**Aa**
Condensed Bold	Narrow Bold	Bold
Aa	***Aa***	***Aa***
Condensed Bold Italic	Narrow Bold Italic	Bold Italic
Aa	**Aa**	**Aa**
Condensed Black	Narrow Black	Black
Aa	***Aa***	***Aa***
Condensed Black Italic	Narrow Black Italic	Black Italic

Umfangreiche Schriftfamilien, wie diese hier, entstehen durch die vielfältige Kombination von Strichstärke, Schriftbreite und -lage.

a Greta Sans
b Adieu
c Cera
d Ingeborg
e Spezia Serif B

a

Regular

Mono Regular

Proportionale Buchstaben sind unterschiedlich breit. Nicht proportionale Buchstaben haben unabhängig von ihrer Form alle dieselbe Breite.

Normalerweise werden Schriften proportional gestaltet. Das heißt, jeder Buchstabe ist unterschiedlich breit und ein ›m‹ ist breiter als ein ›i‹ oder ein ›n‹. Mit den mechanischen Schreibmaschinen entstand neben den proportionalen Schriften eine Sonderform – sogenannte *monospaced, nicht proportionale Schriften*. Wie der Name schon sagt, sind bei monospaced Schriften alle Buchstaben unabhängig von ihrer Form gleich (mono) gesetzt (spaced) und haben eine feste Breite von je einem Geviert (typografische Einheit).

Die Bezeichnung Kursive kommt vom lateinischen Wort ›currere‹ und bedeutet ›laufen, eilen‹. Diese Schrift wurde von Schreibern eher schnell geschrieben – daher kommt der Name. Durch den schnellen Duktus hat sich außerdem die Rechtsneigung der echten Kursive, die auch ›Italic‹ genannt wird, ergeben.

Es gibt auch falsche Kursive, die die Schrägstellung, nicht aber Merkmale der veränderten Verhältnisse der Buchstabenbreite, der Buchstabenabstände oder der Federführung übernommen haben. Beispielsweise ändern sich dann die Formen vom ›a‹, ›f‹ oder ›g‹. Auch Schriften von professioneller Herkunft, hauptsächlich Serifenlose, haben nicht immer echte Kursive. Diese werden dann geneigte Schriften oder ›Oblique‹ genannt.

103 Nicht verwechselt werden dürfen diese falsche Kursiven mit denen, die mittels Software selbst kursiviert wurden. Das Ergebnis sind unnatürliche und unbefriedigende Formvarianten, von denen Sie besser die Finger lassen.

b

Typografie

aufrechte Antiqua

Typografie

italic, echte Kursive

Typografie

manuell verschiefte Antiqua

c

Typografie

aufrechte Antiqua

Typografie

oblique, falsche Kursive

Typografie

manuell verschiefte Antiqua

Echte, falsche und manuell kursivierte Kursiven im Detailvergleich.

Schriftklassifikation

Die verschiedenen Schriftfamilien können nicht nur nach ihrem Aussehen, sondern auch nach Formmerkmalen, und damit verbunden nach den historischen Vorbildern, unterschieden werden. 1954 wurde vom Franzosen Maximilien Vox dazu eine Schriftklassifikation entwickelt, die mittlerweile die bekannteste und allgemein akzeptierteste ist. Sie wurde im Jahr 1964 mit leichten Abänderungen in Deutschland als DIN 16 518 zum Standard erhoben. Von den insgesamt zehn Schriftgruppen sind diese die Wichtigsten für den allgemeinen Gebrauch für Lesetexte:

Strichstärkenkontrast Grundstrich vs. Haarlinie

d 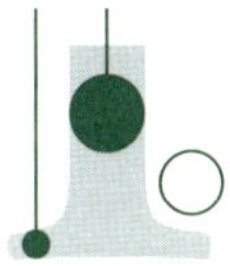

Renaissance Antiqua

Ausrundung der Serifen

e 

Barock Antiqua

f 

Klassizistische Antiqua

g 

Serifenbetonte Linear-Antiqua

c 

Serifenlose Linear-Antiqua

Die Serifen der Gruppen der Schriftklassifikation im Detailvergleich.

I–II ⟶ Renaissance Antiqua

Schriften mit Breitfederduktus, einem geringen Unterschied zwischen Haar- und Grundstrich und ausgerundeten Serifen. Diese Schriften werden Renaissance Antiqua, im Englischen auch ›Oldstyle‹, genannt.

III ⟶ Barock-Antiqua

Schriften, die mit der Breitfeder geschrieben wurden, sich aber von der Renaissance Antiqua durch größere Strichstärkenunterschiede und kaum ausgerundete Serifen unterscheiden. Diese Schriften werden Barock-Antiqua genannt. Im Englischen heißen sie ›Transitional‹, weil sie den Übergang zwischen der Renaissance und der nachfolgenden Klassizistischen Antiqua bilden.

IV ⟶ Klassizistische Antiqua

Schriften mit Spitzfederduktus, d. h. einem sehr ausgeprägten Dick-Dünn-Kontrast werden Klassizistische Antiqua bzw. ›Didone‹ oder ›Modern‹ genannt. Durch feine und gerade, rechtwinklig angesetzte Serifen entsteht eine Betonung der Vertikalen.

V ⟶ Serifenbetonte Linear-Antiqua

Schriften mit gleichmäßiger Strichstärke und kräftigen, gerade geschnittenen Serifen. Die Serifen sind in diesen Schriften sehr betont, sie werden daher Serifenbetonte Linear-Antiqua oder ›Slab‹ genannt. Feiner wird noch nach ihrer formgebenden historischen Ableitung zwischen ›Egyptienne‹, ›Humanist‹, oder ›Geometric‹ unterschieden.

VI ⟶ Serifenlose Linear-Antiqua

Schriften ohne Serifen werden Serifenlose Linear-Antiqua oder ›Grotesk‹ genannt. Größtenteils sind die Strichstärken dieser Schriftgruppe optisch einheitlich. Es gibt aber auch Schriften in dieser Gruppe, die sich in den Strichstärken erheblich unterscheiden. Da Serifenlose Linear-Antiquas erst im ersten Drittel des 19. Jahrhundert entstanden sind, wird auch hier je nach dem historischen Vorbild entsprechend zwischen ›Grotesque‹, ›Humanist‹ und ›Geometric‹ unterschieden.

a Apercu Regular
b Pensum Regular
c Helvetica Neue Regular
d Adobe Garamond Regular
e Baskerville Regular
f Bauer Bodoni Roman
g Corporate E Regular

Die Schriftgruppen VII bis X umfassen dann **VII ⟶ Antiqua-Varianten, VIII ⟶ Schreibschriften, IX ⟶ Handschriftliche Antiqua** sowie **X ⟶ Gebrochene Schriften.** Vor allem in den Gruppen VII bis IX sind die Übergänge fließend und die Möglichkeiten an Displayschriften unendlich.

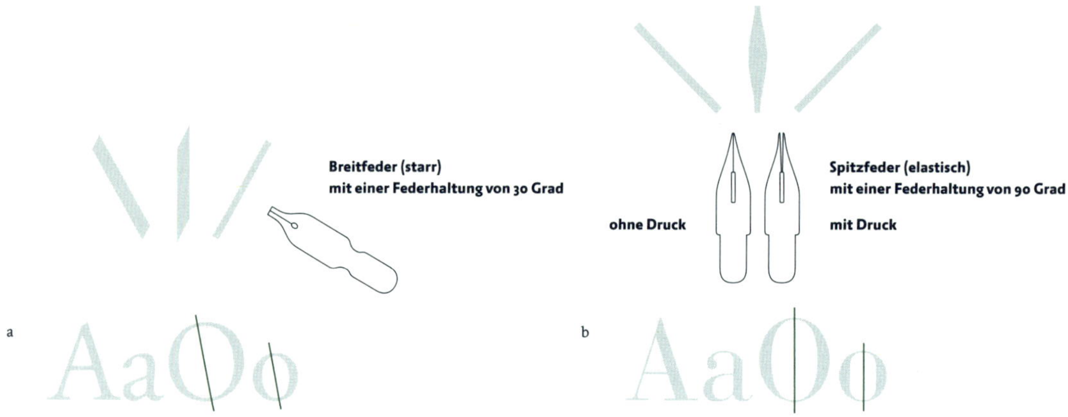

Die Art und die Haltung der Feder bestimmen die charakteristischen Details von Buchstaben.

Diese Unterteilung nach Maximilien Vox aus dem Jahr 1954 basiert darauf, dass je nach Handhaltung der Feder und auch mit welcher Feder geschrieben wird, sich die Buchstabenform ändert, weil jede Feder andere Schreibmöglichkeiten mit sich bringt. Ein wichtiges Unterscheidungsmerkmal ist dadurch die Achse der Buchstaben. Renaissance-Buchstaben etwa ergeben sich aus einer schräg (ca. 30° bis 45°) angesetzten und im Wechselzug geschriebenen Breitfeder. Wechselzug bedeutet, dass die Buchstaben nicht in einem durchgeschrieben werden, sondern die Feder immer wieder neu angesetzt und in die Gegenrichtung gezogen wird. Aus dieser Schräge und dem Federzug entstehen dann die Strichstärkenkontraste.

Barock-Buchstaben werden ebenfalls im Wechselzug und mit einer Breitfeder geschrieben, allerdings ist die Schräge eine andere – sie werden mit einer leicht aufgerichteten Breitfeder geschrieben.

Klassizistische Buchstaben dagegen werden mit einer aufgerichteten Spitzfeder geschrieben. Die Besonderheit der Spitzfeder ist es, dass die Kontraste nicht durch den Wechselzug entstehen, sondern mit dem Druck, der auf die Feder ausgeübt wird. Je nach Druck können feine und breitere Linien und damit der Strichstärkenkontrast gestaltet werden.

c Jenson

I Venezianische Renaissance Antiqua

a Garamond

II Französische Renaissance Antiqua

d Baskerville

III Barock-Antiqua

b Bodoni

IV Klassizistische Antiqua

e Corporate

V Serifenbetonte Linear-Antiqua

f Univers

VI Serifenlose Linear-Antiqua

Einzelne Beispielschriften aus den Gruppen der Schriftklassifikation DIN 16 518 nach Maximilien Vox.

↓

BUCHEMPFEHLUNG

Weitere Informationen zur historischen Klassifikation von Schrift finden Sie im Buch ›Letterfontäne. [Über Buchstaben]‹ von Joep Pohlen.

Diese Schriftklassifikation ist interessant, um einmal die groben Unterschiede von Schrift aufzuzeigen, und um die Herkunft verschiedener typografischer Fachbegriffe, auf die Sie zwangsläufig immer wieder stoßen werden, zuordnen zu können. Wichtig ist sie auch im Hinblick auf die Geschichte, und um die Entwicklung unserer heutigen Buchstabenformen besser zu verstehen. Der Vollständigkeit und der Verständlichkeit halber wurde sie deshalb hier angeführt. Diese Klassifikation ist aber nicht endgültig und bringt hier und da auch einige Schwächen mit sich.

Ein Manko ist etwa der Zeitpunkt der Erstellung. Sie wurde 1954 erstellt, also zu einer Zeit, als Serifenschriften noch vorherrschend waren und noch bevor Schriften wie die Helvetica (1956) von Max Miedinger und Eduard Hoffmann oder die Univers (1957) von Adrian Frutiger veröffentlicht wurden und den Schriftmarkt stark veränderten. Die Klassifikation geht daher detailliert auf die Unterschiede der Serifen, weniger aber auf die der Serifenlosen Schriften ein. Zudem werden heute die meisten Schriften nicht mehr auf handschriftlicher Basis entworfen, weisen oft bewusst Formmerkmale von mehreren Klassifikationen auf oder passen in keine Kategorie so wirklich hinein.

Eine weitere Schwäche der Klassifikation ist die Benennung der Schriftgruppen. Der Zweck einer Klassifikation ist es, eine unübersichtliche Menge zu sortieren, um die Auswahlmöglichkeiten zu reduzieren. Wenn eine Klassifikation für Laien aber viel zu kompliziert ist und ein zu vertieftes Wissen verlangt, ist sie umständlich. Die Verwendung dieser Klassifikation beschränkt sich deshalb meist auf den Unterricht und wird im Alltag bei der Schriftwahl selten genutzt. Viele Type Foundries haben diese Probleme erkannt und verwenden für die Schriftfilterung auf ihren Websites, zwar von der ursprünglichen Einteilung ausgehende, aber stark vereinfachte und offensichtlichere Systeme – z. B. ›Serif‹, ›Sans‹, ›Slab‹ und ›Script‹.

a Adobe Garamond Regular
b Bauer Bodoni Regular
c Adobe Jenson Regular
d Baskerville MT Regular
e Corporate E Regular
f Univers LT Roman

Schriftsippe

Wird nun im nächsten Schritt eine Schriftfamilie – etwa eine Serifenlose um eine Serifen-Familie – erweitert, entsteht aus mehreren Schriftfamilien eine Schriftsippe. Bei einer Sippe sind die einzelnen Schriftfamilien in sich selbstständig und gehören jeweils einer eigenen Schriftklassifikation an, jedoch weisen die Buchstaben die gleichen Breiten, Laufweiten und Proportionen bei Mittel-, Ober- und Unterlängen auf. Sie korrespondieren so problemlos untereinander und ermöglichen gleichzeitig eine Differenzierung in der Einheitlichkeit der Schrift.

Grundsätzlich ist es so, dass heutige Schriftfamilien oft aus einer viel größeren Anzahl an Schnitten als historische bestehen. Das liegt daran, dass dieser Umfang mit Bleilettern nicht zu bewältigen gewesen wäre. Zum einen brauchte man für die Anwendung nicht nur digitale Dateien (wie wir es heute kennen) zu installieren, sondern Unmengen an Buchstaben, die auch Unmengen an Platz benötigten. Um eine Seite problemlos setzen zu können, brauchte man jeden Buchstaben mehrmals und wenn man unterschiedliche Buchstabengrößen wollte, musste man auch diese wieder mehrmals zur Verfügung haben. Zum anderen bedeutete dies auch für die Gestaltung Unmengen an Arbeit, weil jeder Buchstabe in jeder Größe, in jedem Schritt neu gezeichnet und gegossen werden musste. Viele Abstufungen führten auch zu enormen Kosten für die Setzereien. Viele Schriftfamilien bestanden daher meist aus nicht mehr als drei Schnitten, nämlich Regular, Bold, Italic.

Das Bedürfnis, in einem System von mehreren zusammengehörigen Schriftgruppen zu arbeiten war aber trotzdem da und dank immer besser werdender Software wurde und wird die Schriftgestaltung und -anwendung immer mehr erleichtert. Heute ist es nicht mehr nötig, Buchstaben in Schubladen aufzubewahren und jeden Buchstaben in jedem Schnitt von Grund auf neu zu zeichnen. Eine Schrift ist heute pro Schnitt nur mehr eine Datei, unabhängig von der verwendeten Schriftgröße. Zudem werden Gestalterinnen und Gestalter heute von entsprechender Software unterstützt, die Buchstaben interpolieren kann. Interpolieren heißt frei übersetzt so viel wie anpassen. Diese interpolierten Buchstaben werden dann von der, dem Gestaltenden korrigiert und nicht neu gezeichnet. Schriftfamilien und -sippen umfangreich auszuarbeiten ist auch heute noch ein intensiver Arbeitsvorgang – sie zu verwenden, ist aber sehr bequem geworden.

a

Schriftfamilie Corporate A

b

Schriftfamilie Corporate S

c

Schriftfamilie Corporate E

Eine Schriftsippe besteht aus mindestens zwei in sich selbstständigen Schriftfamilien. Die Höhen und Proportionen bleiben gleich, nur der Duktus und die Serifen ändern sich.

Variable Fonts

d

Eine sehr aktuelle Entwicklung in der Typografie sind Variable Fonts. Variable Fonts bestehen aus einer einzigen Schriftdatei, mit der aber viele verschiedene Schriftschnitte fließend interpoliert und dargestellt werden können. Dies ist möglich, weil im Vorfeld bei der Gestaltung der Schrift Extremwerte festgelegt wurden. Zwischen diesen Extremwerten können wir bei der Anwendung dann individuelle Werte wählen und die Schrift gezielt auf unsere Bedürfnisse anpassen. Gängige veränderbare Merkmale sind:
37 *Strichstärke* (weight), *Schriftbreite* (width), *Schriftlage* (slant) oder *optische*
66 *Schriftgrößen* (optical size).

Variable Fonts sind keine neue Erfindung. Sie beruhen auf den Überlegungen der Multiple Master Fonts, die schon in den 1990er Jahren gemacht wurden. Ein Grund, warum sie wieder aufgegriffen wird, ist zugleich einer der größten Vorteile von Variable Fonts: *Die geringe Dateigröße.* Weil statt mehreren individuellen Schriftdateien nun nur eine Schrift und damit verbunden nur einmal die Informationen für jede Glyphe geladen werden muss, kann damit die Ladezeit für Fonts beträchtlich verringert werden – was vor allem für typografisch umfangreiche Websites wichtig ist.

Mit nur einer Schriftdatei können bei Variable Fonts fließend benutzerdefinierte Schriftschnitte verwendet werden.

Diese ›new superpower‹ wie Jason Pamental sie bei den TYPO Labs 2018 in Berlin genannt hat, bringt aber noch weitere Vorteile: Durch die feinen Interpolationsachsen können wir die *typografische Qualität* und damit das Lesen erheblich verbessern, weil wir sehr spezifisch auf verschiedene
75 Lesesituationen eingehen können. Wir können einerseits mikrotypografisch die Schrift für jede Bildschirmgröße optimieren, weil sich dieselbe Schrift auf der Smartwatch, am Smartphone und am Desktop nicht gleich gut liest. Beispielsweise indem wir für schmale Bildschirme neben der Schriftgröße auch die Schriftbreite minimal reduzieren und so das Lesen durch verlängerte Zeilen und weniger Worttrennungen verbessert wird. Oder wir reagieren mit einer leicht erhöhten Strichstärke und/oder Buchstabenbreite auf schlechte Lichtbedingungen sowie bei negativ gesetztem Text. Wir können
66 zudem mit Variable Fonts optische Größen ganz automatisch verwenden.
120 Andererseits haben wir viel mehr Möglichkeiten, Texte (makro)typografisch zu strukturieren, indem wir den Kontrast der verschiedenen Ebenen präziser aufeinander abstimmen können.

↓
TIPP

Die hier genannten Vorteile von Variable Fonts sind nur einige wenige. Informieren Sie sich im Web über den aktuellen Stand. Die Entwicklung ist noch viel zu dynamisch, um sie allumfassend gedruckt festzuhalten.

Variable Fonts bieten vor allem im Digitalen, aber auch im Printbereich viele neue typografische und spielerische Freiheiten. Diese Freiheiten erweitern die Rahmenbedingungen enorm, sie bieten aber zugleich auch viel mehr Möglichkeiten, die Dinge unbedacht und falsch zu verwenden.

a Corporate A Regular
b Corporate S Regular
c Corporate E Regular
d Queens Var

Die Fragen der Schriftauswahl

↓

BUCHEMPFEHLUNG

Das Buch ›Making Fonts! Der Einstieg ins professionelle Type-Design.‹ von Chris Campe und Ulrike Rausch gibt anhand der Software Glyphs mit vielen erklärenden Grafiken einen guten Einblick in das Thema Schriftgestaltung.

Die Auswahl an Schriften ist heute zweifellos immens. Konnte man sich einst noch Aussehen und Namen der einzelnen Schriften und der Gestalterinnen und Gestalter gut einprägen, ist das fast unmöglich geworden. Type Foundries gibt es unzählige und mit ihnen auch eine Riesenauswahl an soliden Schriftentwürfen. Schneller und mehr als je zuvor kommen ständig neue Schriften auf den Markt, unter anderem weil, wie schon angesprochen, die Gestaltung wesentlich einfacher geworden ist. Programme wie Glyphs sind weltweit im Einsatz, und eine eigene Schrift zu gestalten ist sehr beliebt geworden. Mittlerweile können theoretisch (praktisch braucht man auch einiges an Wissen und Erfahrung) alle Arbeitsschritte am eigenen Computer ohne fremde Hilfe erledigt werden.

Die Vielfalt wächst immer weiter, es ist darum gar nicht so leicht, sich für eine Schrift zu entscheiden. Wie wählt man also eine Schrift für ein Projekt aus? Es gibt nie nur eine ›richtige‹ Wahl, aber trotzdem passendere und solche, die weniger passen. Zu Beginn empfiehlt sich daher, das
53 Projekt und die ins Auge gefasste Schrift auf ⟶ **Kontext**, ⟶ **Lesbarkeit**,
70 72 ⟶ **Atmosphäre** sowie ⟶ **praktische Erwägungen** zu untersuchen, um am Ende eine gute Wahl treffen zu können.

Kontext

Der *Zweck* definiert die Anforderungen an Schrift und Typografie.

14 Typografie kann sehr unterschiedliche Erscheinungsformen haben, weil sie unterschiedlichen Aufgaben dient und sich dadurch verschiedene typografische Ansprüche ergeben. Diese unterschiedlichen Ansprüche entstehen dadurch, dass wir nicht jeden Text gleich lesen. Einige Beispiele: Wir lesen einen Roman linear aufbauend, Satz für Satz, von Beginn des Textes bis zum Ende. Wir lesen einen Fahrplan konsultierend, weil wir genau eine gezielte Information herausfiltern wollen. Wir lesen eine Website selektiv, weil uns der gesamte Inhalt zu umfangreich ist und wir nur an bestimmten Informationen interessiert sind.

Unter anderem aus diesen Überlegungen haben in der Vergangenheit Hans Peter Willberg und Friedrich Forssman sowie Jost Hochuli und Robin

Kinross diese aus der Alltagspraxis entstandenen Lesearten beschrieben und sortiert. Entstanden sind bei Willberg und Forssman acht verschiedene Arten der Typografie und bei Hochuli und Kinross 14 Buchtypen, jeweils mit typografischen Besonderheiten und Empfehlungen.

↓
BUCHEMPFEHLUNGEN

Die ausführliche Version der Lesearten von Hans Peter Willberg und Friedrich Forssman finden Sie in ›Lesetypografie‹ bzw. die Buchtypen von Jost Hochuli und Robin Kinross in ›Bücher machen: Praxis und Theorie‹.

Ein kurzer Auszug aus den Lesearten nach Hans Peter Willberg und Friedrich Forssman:

Das **lineare Lesen** ist die klassische Art zu lesen. Wir lesen aufbauend Satz für Satz, von Beginn des Textes bis zum Ende. Linear lesen wir beispielsweise Romane oder Erzählungen.

Beim **informierenden Lesen**, in Zeitungen, Sachbüchern oder Ratgebern, lesen wir quer. Das heißt, wir versuchen einen Überblick über nötige Sachzusammenhänge zu bekommen, suchen das, was für uns interessant erscheint und lesen den gewählten Text dann linear zu Ende.

Differenzierend lesen wir in (wissenschaftlichen) Fachbüchern. Es gibt einige Parallelen zum linearen Lesen, die Differenzierungen im Text nehmen aber deutlich zu. Personen, Werke, Orte und Fachbegriffe werden hervorgehoben. Es gibt außerdem ein Register und eventuell auch sonstige Querverweise.

Beim **konsultierenden Lesen** sind Inhalte systematisch und nicht nach ihren inhaltlichen Zusammenhängen sortiert. Die, der Lesende sucht einen Begriff und liest nur diesen, zum Beispiel in Nachschlagewerken, Lexika oder Handbüchern.

Beim **selektierenden Lesen** in Schul-, Lehr- oder didaktischen Büchern besteht ein Text aus mehreren Ebenen, die in Verbindung stehen, aber auch einzeln gelesen werden können. Es herrscht Entscheidungsfreiheit und es wird nicht linear gelesen.

Bei der **Typografie nach Sinnschritten** rückt die Gestaltung in den Hintergrund, der Inhalt in den Vordergrund. Die Anordnung des Textes richtet sich nach dem optimalen Verstehen. Lesende folgen der Sprache nach Sinnschritten. Es handelt sich zum Beispiel um Kinderbücher, Lehrbücher für Fremdsprachen, Gesangsbücher sowie um Bildlegenden oder Verzeichnisse in Büchern.

Aktivierende Typografie verleitet zum Lesen, wenn man gar nicht lesen will. Man könnte es auch als neugierig Lesen bezeichnen – diese Leseart findet sich in und auf Magazinen, in Geschenk-, Schul- oder Sachbüchern.

Bei der **inszenierenden Typografie** wird die Schrift dekorativ gegen oder mit der Sprache angewandt. Die Intention ist es, die Inhalte typografisch zu interpretieren und zu illustrieren.

Typografie für lineares Lesen

Typografie für informierendes Lesen

Typografie für differenzierendes Lesen

Typografie für selektierendes Lesen

Typografie für konsultierendes Lesen

Typografie nach Sinnschritten

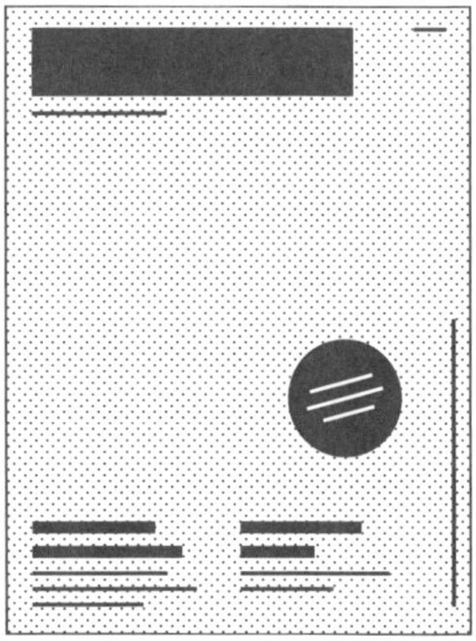

Aktivierende Typografie

Beispielhafte, skizzierte Differenzierung der verschiedenen Lesearten.

In diesem Zusammenhang ist es wesentlich zu wissen, dass diese Typisierungen, wie schon die Klassifikation der Schriften, nicht endgültig sind. Zum einen, weil neue Bedürfnisse und bzw. oder ein veränderter Zeitgeist immer wieder neue Formen der Typografie entstehen lassen. Zum anderen, weil diese Lesearten für die Gestaltung von Büchern gemacht wurden, wir heute aber größtenteils nicht nur in Büchern lesen. Wir lesen von unterschiedlichen Bildschirmen. Wir lesen Beschilderungen und Werbungen im öffentlichen Raum. Wir lesen Beipackzettel, Bedienungsanleitungen, Magazine, Plakate, Verpackungen, Flyer, Fahrpläne, T-Shirts etc. Wir lesen ständig und überall – aber nicht immer in der gleichen Art und Weise.

Aber auch wenn sich das Medium ändert und in der Vergangenheit vielleicht nicht jeder mögliche Anwendungszweck systematisch vordefiniert wurde, sind es immer dieselben Aspekte, die durchdacht werden müssen. Jede Gestaltung sollte daher mit der Aufnahme des Ist-Standes beginnen:

Wer *(Zielgruppe)* liest was *(Inhalt)*, warum *(Motivation)*, wie *(Umstände)* und wo *(Ort)*?

↓

TIPP

Ausführliche Beispiele, die zeigen, wie man mithilfe dieser Antworten Schrift und weitere Gestaltungsmittel wählt, gibt es ab Seite 109.

Die Beantwortung dieser Frage gibt Auskunft über die *Zielgruppe* – Liest eine geübte Leserin, ein geübter Leser oder eine Anfängerin, ein Anfänger? Wie ist das Sehvermögen des Lesenden oder in welcher geistigen oder gesundheitlichen Verfassung befindet sich die, der Lesende?

Sie gibt Auskunft über den *Inhalt* – Welcher Inhalt wird vermittelt? Komplexes, trockenes Fachwissen, leichte Lektüre, Information zur Orientierung oder die wichtigsten Infos für die nächste Veranstaltung?

Man erfährt die *Motivation* der, des Lesenden – Liest jemand, der lesen will oder jemand, der lesen muss? Ist der Inhalt lebensnotwendig, unterhaltend oder eher nebensächlich?

Sie informiert über die *Umstände* des Lesens – Wird der Text mehrmals gelesen oder nach einmaliger Lektüre wieder weggeworfen? Wird im natürlichen Tageslicht, bei schlechtem Wetter oder unter einer Leselampe gemütlich auf der Couch gelesen?

Und sie definiert den *Ort* des Lesens – Liest die Zielgruppe flüchtig beim Vorbeigehen, bewusst oder aus der Ferne? Im Stehen oder im Sitzen? Gibt es irgendwelche anderen Reize, die ablenken könnten? Reflexionen etwa, der Betrachtungswinkel oder eine Hintergrundbeleuchtung? Um nur einige der auftauchenden Fragen zu nennen.

Auf all diese Faktoren kann die Typografie eingehen. Für das Lesen wichtig ist daher, abgeleitet von den Antworten, einmal ganz allgemein folgendes:

1 ⟶ Typografie, die aktiviert.

Typografie sollte uns zum Lesen motivieren, dann wenn wir eigentlich nicht lesen wollen. Sie überzeugt uns, weil sie besonders (lebens-)wichtig ist, weil der Inhalt eher mühsam ist oder, weil wir uns für den Inhalt (noch) nicht interessieren. Damit sie unser Interesse wecken kann und im besten Fall davon überzeugt, nicht mehr mit dem Lesen aufzuhören, muss sie besonders attraktiv für die Leserin, den Leser sein. Beispiele, bei denen diese Motivation wichtig ist, sind Warnhinweise, Werbung, Cover von Büchern oder Magazinen, Verpackungen sowie bei Schul- und Lehrbüchern.

2 ⟶ Typografie, die unterstützt.

Typografie sollte das Lesen unterstützen. Sie unterstützt uns im Alltag, einerseits beim Erlernen des Lesens, einer neuen Sprache, eines neuen Fachgebiets oder eines neuen Rezeptes etc. Andererseits unterstützt sie uns auch beim Orientieren und Zurechtfinden innerhalb eines Buches, eines Magazins, einer Broschüre, einer Website, einer App, einer Ausstellung oder an uns unbekannten Orten. Eine lesbare und strukturierte Gestaltung, die hilft, Zusammenhänge zu begreifen und zu finden, ist hier besonders wichtig.

3 ⟶ Typografie, die dient.

Und schlussendlich sollte Typografie auch dienen. Damit ist gemeint,
dass Lesende beim Lesen nicht gestört werden. Die Leserin und der Leser
möchten den Inhalt erfassen, die Typografie sollte sich dem Zweck der
Sache unterordnen und sie, ihn (vor allem bei längeren Texten) unauffällig
74 leiten. Eine sauber ausgearbeitete Detailtypografie und eine Schrift, die
dies ermöglicht, ist hierfür von Bedeutung.

Grundsätzlich sollte jede Gestaltung aktivieren, unterstützen und die-
nen, damit sie nicht nur oberflächlich oder ästhetisch sinnvoll ist. Je nach
Kontext kann der eine Aspekt jedoch wichtiger sein als der andere bzw.
können typografische Ansprüche innerhalb eines Mediums auch wechseln.
Sobald Sie den Zweck Ihres Projektes gefunden haben, wissen Sie auch,
106 welche typografischen Mittel benötigt werden. Diese typografischen Mittel
sind etwa Leseebenen, Auszeichnungen, Hervorhebungen, Gestaltungs-
elemente, Text-Bild-Kombinationen, Materialien usw. – all das, was eine
Gestaltung ausmacht. Sie kennen somit die Richtlinien für Ihr eigenes
Projekt und können durch dieses Herantasten auch verstehen, was die
gewählte Schrift können muss.

Aktivierende Typografie, die uns überzeugt, weiter zu lesen.

a, b

Titel eines Reisemagazins

a, c

Startseite einer Website

Unterstützende Typografie, die uns hilft, uns zurechtzufinden.

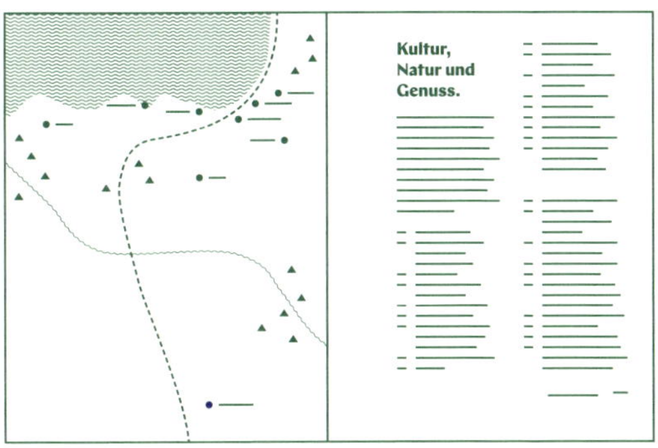

Übersichtskarte mit Highlights

Navigation einer Website

Dienende Typografie, die uns durch einen Text leitet.

Beitrag in einem Magazin

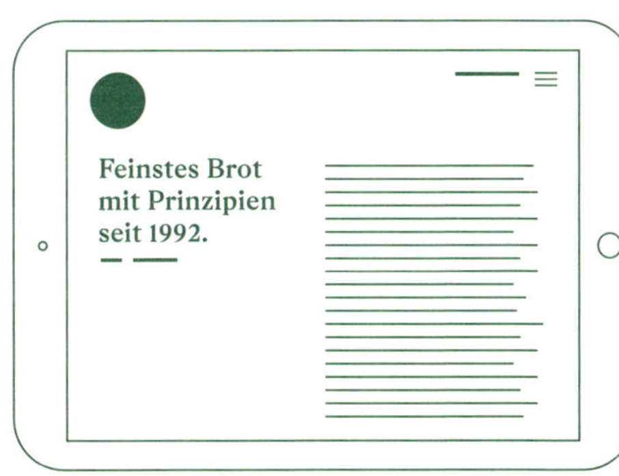

Blogeintrag einer Website

Die Arten der Typografie werden von den Inhalten und nicht vom jeweiligen Medium bestimmt.

a NN Allegra Book
b Chap Bold
c Gza Semibold

Unabhängig von der Art und der Motivation, wie wir in einer bestimmten Situation lesen, haben alle Lesearten gemeinsam, dass sie der menschlichen Ökonomie unterliegen. Unbewusst versuchen wir stets, jeglicher Anstrengung zu entkommen und wollen daher unter *Minimierung unseres Aufwandes* und der *Optimierung der Möglichkeiten* (in all unseren Lebenslagen) das Beste herausholen. Der Alltag der meisten Menschen ist so überfüllt mit Aufgaben, dass wir bequem geworden sind und unsere Aufmerksamkeit nur sehr ökonomisch für das hergeben, was uns wirklich interessiert.

Wir sind deshalb auch beim Lesen (egal ob bewusst oder unbewusst) nicht bereit, Anstrengung in Kauf zu nehmen. Das Resultat lautet: *Convenience rules!* Entsprechend boomen Convenience Food, Thermomixer, haushaltunterstützende Roboter, Smart Homes, Sprachassistenten etc. Es siegt die am einfachsten zu bedienende Suchmaschine oder der bequemste Zugang zu Musik und so weiter. Aber Beispiele hierfür gibt es nicht nur im Bereich der Technologie. War die Zeitung einst ein reines Kommunikationsmittel, hauptsächlich bestehend aus Text, werden die Zeitungen heute (abgestimmt auf die Zielgruppe) immer mehr bebildert und mit Bildunterschriften versehen, damit auch beim sehr flüchtigen Lesen mehr Informationen vermittelt werden können.

Der *Mensch* und (nicht immer) die Konvention *bestimmt die Gestaltung.*

Lesen geschieht folglich nicht nur physisch mit den Augen, sondern auch im Gehirn. Die Typografie hat die Aufgabe, Lesende dazu zu bringen, diesen inneren Widerstand aufzugeben, indem sie den Geschmack des Auges trifft und Informationen dementsprechend aufbereitet. Otl Aicher hat in diesem Zusammenhang einmal gesagt, dass unsere Entscheidung etwas zu lesen immer von denselben objektiven, sozialen und subjektiven Regeln abhängt: Wir sehen nur das, was wir sehen wollen *(subjektiv)*. Wir lesen nur das, was gut angeboten wird *(objektiv)*. Und wir glauben nur das, was wir kulturell bedingt als glaubwürdig wahrnehmen *(sozial)*. Die Typografie wird dadurch von der Ökonomie des Lesens bestimmt und soll selbst auch ökonomisch verwendet werden. Es gilt, die Balance zwischen zu wenig und zu viel zu finden, damit den Augen das Lesen Spaß macht – immer unter dem Aspekt: Wie kann ich der Leserin, dem Leser das Lesen möglichst einfach und angenehm machen.

Lesbarkeit

26 Warum Lesbarkeit wichtig ist, wurde im dritten Kapitel bereits beschrieben. Offen ist nun noch die Frage nach den konkreten Anforderungen an die Schrift: Wann ist eine Schrift ›lesbar‹ ausgearbeitet und was braucht sie, damit die typografischen Anforderungen umgesetzt werden können?

Die *Lesbarkeit* ist Grundlage für die Qualität und Verständlichkeit der visuellen Kommunikation.

a b c d

Das kleine ›l‹, die Ziffer ›1‹ und das große ›I‹ brauchen eindeutige unterscheidbare An- und Abstriche.

Die Buchstabenqualität

28 Lesen beginnt mit der Erkennung von Buchstaben. Für das Lesen müssen Buchstaben *eindeutig* und *unverwechselbar* sein, weil eindeutige Formen im Gedächtnis leichter abgeglichen werden können. Für ein schnelles Erkennen sind dabei größtenteils Ober- und Mittellängen wichtiger als die untere Hälfte von Buchstaben, weil in der oberen Hälfte der Buchstaben vermehrt differenzierende Details zu finden sind. An charaktervollen oder ungewohnten Buchstaben bleibt das Auge hängen und der Leseprozess verlangsamt sich. Auch zu einfache Buchstaben sind für Lesetexte weniger geeignet, da sie zu Verwechslungen führen. Außerdem sollen Buchstaben
30 nicht einfach per Computermontage gespiegelt oder erweitert, sondern aus einzelnen gewachsenen Formen gestaltet werden.

Substanziell ist auch die Trennschärfe. Ein Buchstabe muss sich bei zu engem Satz, schlechtem Druck oder dergleichen deutlich vom nächsten unterscheiden und darf nicht mit einem zweiten zu einem verschmelzen. Begünstigt wird die Eindeutigkeit der Buchstaben durch offen gestaltete Binnenformen. Damit meint man, dass die An- und Abstriche oder Serifen grundsätzlich geöffnete Binnenformen der Buchstaben nicht wieder verschließen. Etwa beim ›e‹ oder ›c‹ kann man das gut erkennen. Ragt der untere Bogen zu weit nach oben, wird aus einem ›e‹ oder ›c‹ bei schlechter Sichtbarkeit, kleinen Lesegrößen, beim flüchtigen Lesen oder schlechter Qualität etc. schnell ein ›o‹.

Generell ist es so, dass die Eindeutigkeit der Buchstaben besonders bei kleinen Anwendungsgrößen deutlicher ins Gewicht fällt als in Displayanwendungen. Ganz einleuchtend, denn je kleiner die Schrift ist, umso mehr verschwinden auch Details.

a Gill Sans Regular
b Parka Regular
c Gza Regular
d Pensum Regular

a 

b 

c 

Das ›e‹, das ›o‹ und das ›c‹ sind in ihrem Aufbau gleich, brauchen aber trotzdem deutlich differenzierte Öffnungen und Höhen.

d 

e 

c 

›d‹, ›b‹, ›q‹ und ›p‹ sollten aus individuellen Formen gestaltet werden.

f 

g 

h 

›r‹ und ›n‹ dürfen sich auch bei zu engem Satz oder schlechtem Druck nicht zu einem ›m‹ verbinden.

Bei Groteskschriften sind sich das kleine ›l‹, das große ›I‹ und die Ziffer ›1‹ ähnlich. Damit sie deutlich unterscheidbar sind, hilft zumindest ein Bogen beim ›l‹ und ein Anstrich bei der ›1‹ (Parka → *b Abbildung Seite vorher*). Auch bei Serifenschriften kann es zu Verwechslungen kommen, wenn sich die Serifen in ihrer Größe und Form zu sehr ähneln (Gza → *c Abbildung Seite vorher*).

Die Problemstellen bei ›e‹, ›o‹ und ›c‹ sind einerseits die Abschlüsse. Wenn sie zu eng beieinander sind, verschließt sich die offene Punze gerne zu einem ›o‹ (Helvetica → *a*). Andererseits das Auge des ›e‹. Ist dieses zu klein (Adobe Garamond → *b*) wird das ›e‹ eventuell mit dem ›c‹ verwechselt.

Um die Verwechslung von ›d‹, ›b‹, ›q‹ und ›p‹ zu vermeiden, sollten die An- und Abstriche klar gestaltet werden.

Stehen das ›r‹ und ›n‹ zu nahe beieinander und ähneln sich ihre Bögen zu sehr, wird daraus gerne ein ›m‹. Abhilfe schaffen hier entweder ein Tropfenabschluss (Ingeborg → *g*) beim ›r‹ oder ein deutlich anders angesetzter Überlauf (Antonia → *h*).

Bei manchen kursiven Schriften neigen ein nach innen gestaltetes ›h‹ und das ›b‹ zu Verwechslungen, weil der Innenraum zu klein wird (SangBleu Empire → *i*) und verschwimmt. Vor allem bei kleinen Anwendungsgrößen ist hier Vorsicht geboten.

i 

j 

Das kursive ›h‹ verschwimmt bei zu kleinen Anwendungsgrößen oder schlechter Wiedergabe gerne zu einem ›b‹.

Buchstaben müssen sich zwar deutlich von anderen unterscheiden, sie brauchen aber dennoch eine *einheitliche Formensprache*. Die wichtigsten Elemente, die den Buchstaben ihre Form geben, sind die horizontalen (das Verhältnis von Mittel- zu Ober- und Unterlänge) und die vertikalen Proportionen (die Buchstabenbreite) sowie die Strichstärke und der Strichstärkenkontrast. Zur einheitlichen Formensprache gehören ebenfalls aufeinander abgestimmte Anschlüsse, gleich Rundungen, wiederkehrende Details oder gleiche Serifenformen. Erst die Wiederholung dieser scheinbar minimalen Elemente erzeugen ein harmonisches Gesamtbild und die Schriftwirkung. Zu eigenständige Buchstaben erzeugen kein leicht erfassbares Wortbild, weil das Auge immer wieder auf Neues stößt und sich nicht auf Erwartetes verlassen kann. Das Lesen wird durch die ständige Unsicherheit erschwert. Wir können folglich unsere Leseautomatismen nicht mehr zur Gänze nutzen, weil wir uns zu sehr auf das Sehen konzentrieren.

Die Abbildung zeigt das Wort Typografie in zwei Varianten: Einmal in der Saol Text → *k* und einmal mit der Saol Text als Grundlage – es wurden jedoch einige Buchstaben mit anderen Serifenschriften (Value Serif und Gza) ausgetauscht. Auf den ersten Blick wird Ihnen vielleicht nichts auffallen. Schauen Sie aber einmal genauer hin. Welches Wort erscheint Ihnen ruhiger und ausgeglichener? Vergleichen Sie die Stärken der Serifen, die Höhe der Mittel- und Unterlängen, die Form der Punzen oder der An- und Abstriche. Scheinbar unbedeutende Unterschiede werden so sichtbar. Die Eindeutigkeit ist wichtig, damit wir Buchstaben klar erkennen können – die Abbildung des Beispieltexts soll zeigen, dass wir in dieser Eindeutigkeit aber ebenso eine Einheitlichkeit brauchen, damit wir ungestört und konzentriert lesen können.

k **Typografie**

Typografie

Die Wirkung von scheinbar unbedeutenden formalen Unterschieden.

Plötzlich tauchte eine zischende Wasserschlange vor der kleinen Buchstabenfee auf. Serifee erschrak so sehr, dass sie nach hinten umfiel. Der Schreck war größer als die Angst.

Fallen Ihnen alle Buchstaben auf, die aus der Reihe tanzen?

a Helvetica Neue Regular
b Adobe Garamond Regular
c Pensum Regular
d Gill Sans Regular
e NN Allegra Book
f Brandon Grotesque Regular
g Ingeborg Regular
h Antonia Text Regular
i SangBleu Empire Regular Italic
j SangBleu Versailles Regular Italic
k Saol Text Bold, Value Serif Bold, Gza Semibold

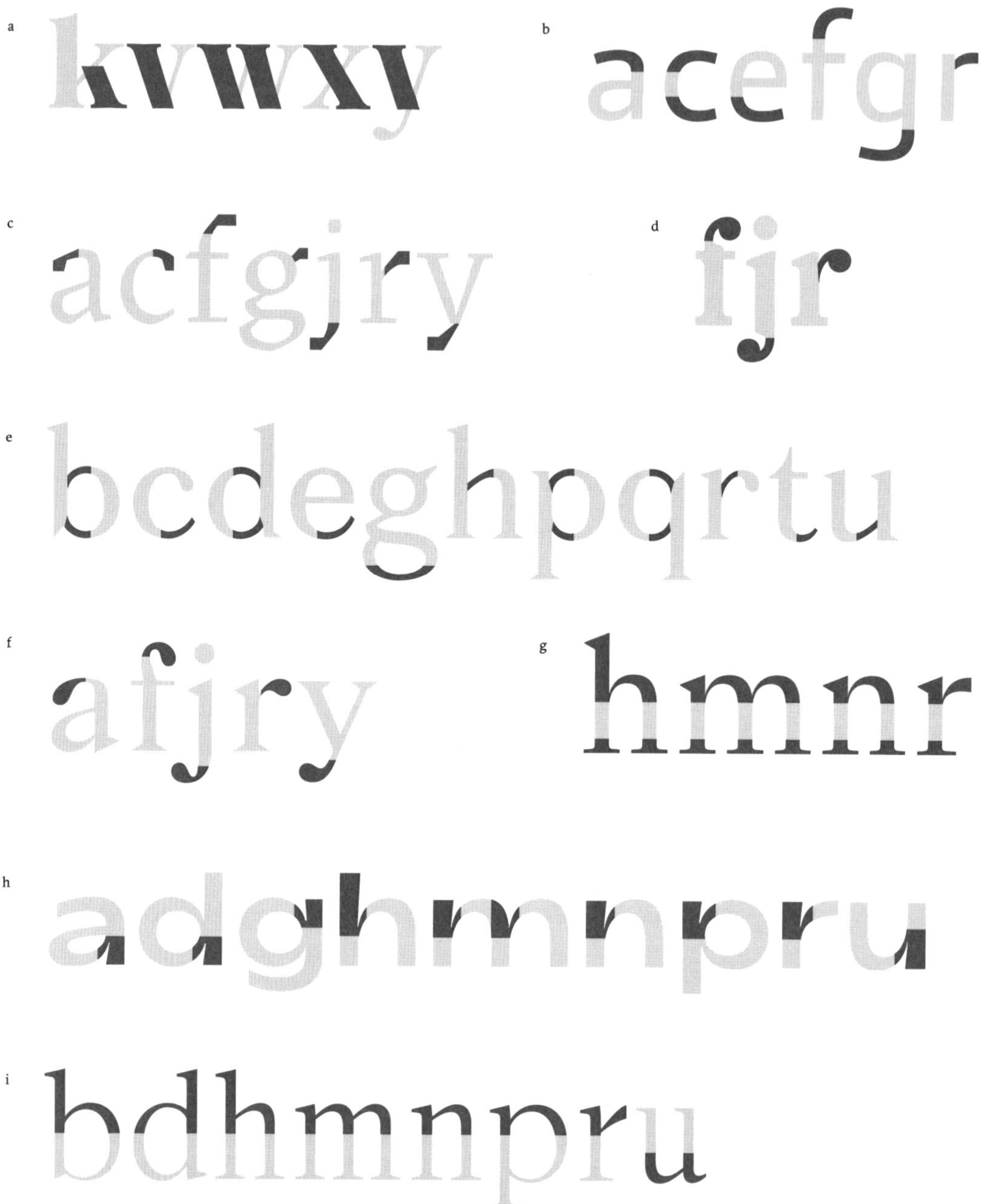

Wiederkehrende Details bei Buchstaben sorgen für eine gemeinsame Formensprache innerhalb einer Schrift.

Essenziell für die Buchstabenqualität sind außerdem *optische Ausgleiche.* Buchstaben werden von uns als zweidimensionale Form wahrgenommen und unterliegen den gleichen optischen Gesetzen, die bei Wahrnehmungstäuschungen genutzt werden. Diese Täuschungen beruhen darauf,
29 dass Formen in Kombination mit weiteren, sie umgebenden Formen, anders wahrgenommen werden. Da beim Lesen nur die Einschätzung des menschlichen Auges zählt, müssen – damit wir ungestört lesen können – diese Gesetze bei der Schriftgestaltung ebenso mitbedacht werden.

j

k

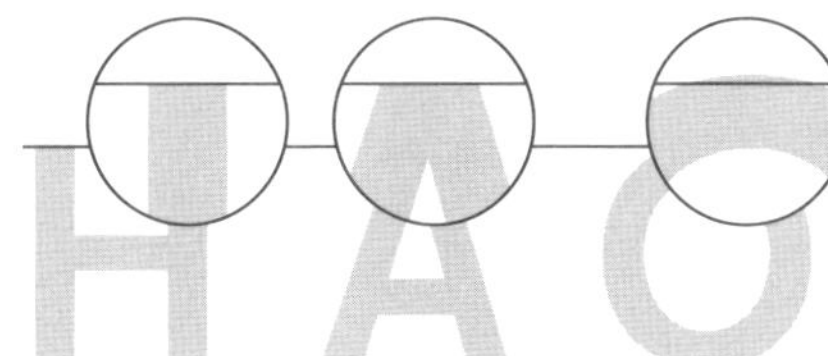

l

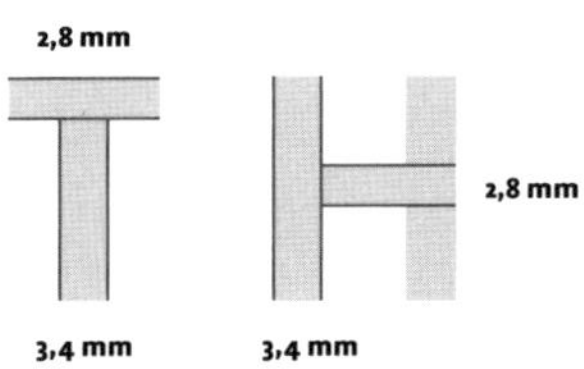

b

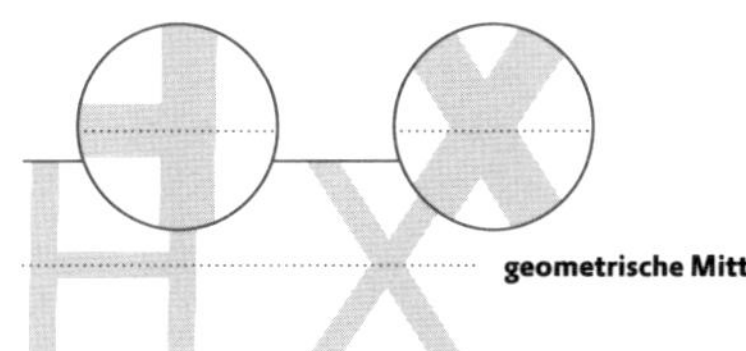

Ohne dass wir es merken, werden die Details von Buchstaben optisch ausgeglichen, damit sie ›gleich‹ wirken.

Werden Buchstaben auf ihre Grundformen reduziert, wirken spitze und runde Buchstaben bei genau gleicher Höhe dennoch kleiner als gerade, weil das Verhältnis von Schwarz und Weiß ein anderes ist. Rundungen und Spitzen müssen daher vergrößert werden → *j, k.*

Waagrechte Striche wirken breiter als genau gleich breite senkrechte Striche → *l.* Ähnliches gilt für Kreise, die zu 100 Prozent geometrisch sind, sie wirken dann nicht wirklich rund.

Ein weiteres optisches Gesetz, das generell bei der Gestaltung wichtig ist: Die geometrische Hälfte entspricht nicht der optischen Mitte → *b.* Sie muss daher leicht nach oben verschoben werden. Ist der Schwerpunkt genau in der Mitte, ›hängt‹ die Gestaltung zu sehr nach unten.

Diese Ausgleiche sind alle spürbar, aber mit den Augen ohne Hilfsgerät nicht messbar.

a Saol Text Bold
b NN Allegra Book
c GT Sectra Book
d Value Serif Bold
e Fortescue Regular
f Gza Regular
g SangBleu Kingdom Regular
h Adieu Regular
i Antonia H1 Regular
j Pensum Bold
k NN Alena Bold
l Soleil ExtraBold

Die Schriftbildqualität

Für die Lesbarkeit von Bedeutung sind nicht nur die Einzelformen, sondern auch das Gesamtbild – der *Schriftrhythmus*. Dieser wird bestimmt von Zurichtung, Kerning, Buchstaben- und Wortabstand. Ziel ist es, einen angenehmen Rhythmus aus Weiß und Schwarz zu erhalten. Je ausgeglichener dieser ist, desto besser lesbar ist der Text. Um diesen optimalen Rhythmus
74 zu erreichen, braucht es beides – Schrift- und Satzqualität. Die Schriftgestalterin, der Schriftgestalter geben dabei die Grundlage vor, mit der die Typografin, der Typograf weiterarbeitet.

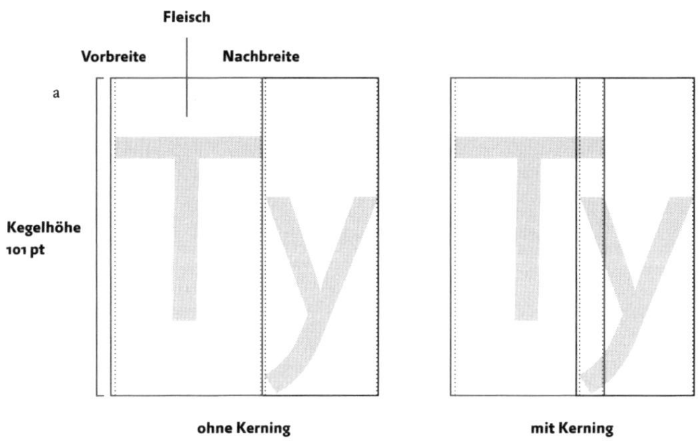

Die Schriftbildqualität beginnt bei der Schriftgestaltung mit der Zurichtung. Nach dem Zurichten wird beim Kerning der Abstand zwischen kritischen Buchstabenkombinationen individuell angepasst.

Die Verteilung der Weißräume im Schriftbild beginnt bei der Schriftgestaltung durch das Zurichten. Die Zurichtung ist das Positionieren eines Zeichens auf seinem zugehörigen Feld, dem fiktiven Schriftkegel. Folglich entsteht das sogenannte Fleisch, der Weißraum rund um einen Buchstaben. Das Fleisch links und rechts vom Buchstaben wird Vor- und Nachbreite genannt.

84 Werden diese fiktiven Schriftkegel nun zu einem Wort nebeneinander gesetzt, entsteht durch das Zusammenfügen der Nachbreite des einen Buchstaben und der Vorbreite des nachfolgenden Buchstaben der Buchstabenabstand bzw. die Laufweite. Die Buchstaben werden auf dem Schriftkegel so platziert, dass die Vor- und Nachbreite möglichst mit vielen anderen Buchstaben korrespondieren. Passt dieser Abstand nicht, werden im nächsten Schritt beim Kerning Buchstabenkombinationen, die nicht mithilfe des Zurichten ausgeglichen werden können, aufeinander abgestimmt, beispielsweise sind das ›AV‹, ›Ty‹, ›LT‹, ›Ko‹.

Damit schließlich gelesen werden kann, müssen die Buchstaben sich zu einem Wort zusammenfügen und klar vom nächsten Wort abgetrennt sein. Dieser Abstand wird als Wortabstand bezeichnet.

b

Erst der Wechsel von Schwarz und Weiß, von Form und Gegenform kreieren den Rhythmus einer Schrift.

Die Zurichtung ist im Gegensatz zu den anderen drei Kriterien die alleinige Aufgabe der, des Schriftgestaltenden. Sie ist in der Regel bei guten Schriften so ausgearbeitet, dass möglichst alle Buchstabenkombinationen ausgeglichen sind. Wenn nicht, sollte man die Finger von der Schrift lassen, weil das Setzen mit ihr sehr mühsam wird.

80 Möglich, aber sehr mühsam sind Korrekturen im Kerning. Bei kurzen Überschriften ist eine händische Korrektur zumutbar, bei langen Texten wird es unverhältnismäßig. Je weniger korrigiert werden muss, umso besser.

77 81 Die Laufweite und der Wortabstand werden schon bei der Gestaltung der Schrift festgelegt. Meist passen diese Werte dann jedoch nur in der vorgesehenen Anwendungsgröße; variierende Schriftgrößen können daher Korrekturen nötig machen.

Die Schriftbildqualität wird auch vom *Wortbild der Schrift* bestimmt. Buchstaben sollten leicht erkennbare Wortbilder erzeugen. Diese Wortbilder wiederum müssen eine gute Zeilenbildung ermöglichen, um das Auge optimal von Zeile zu Zeile und somit durch einen Text zu führen. Eine Betonung der horizontalen Striche der Buchstaben ist demnach leichter lesbar.

a NN Allegra Book
b GT Sectra Display Bold

Eine anscheind unlösbare Frage in diesem Zusammenhang ist es, ob Serifenlose weniger gut lesbar sind als Serifenschriften. Serifen verhelfen Schriften zur besseren horizontalen Betonung und damit zur besseren Zeilenbildung. Diese unterstützen so bei längeren Texten die Blickführung. Dennoch macht diese Eigenschaft nicht jede Serifenlose gleich weniger lesbar. Für erfahrene Leserinnen und Leser ist auch die lockere Struktur eines serifenlosen Textes leicht lesbar, der das Auge eher senkrecht als horizontal führt. Zudem wird eine gute Typografin, ein guter Typograf auch eine Schrift mit schlechter Zeilenbildung ideal setzen können und umgekehrt.

We read best what we read most. **Zuzana Licko**

Viele Argumente für und gegen Serifen, die in der Vergangenheit darüber diskutiert worden sind, sind oft eher emotional und ideologisch als fachlich fundiert und objektiv geführt worden. Die Diskussionen treten grundsätzlich auch immer mehr in den Hintergrund, weil wir mittlerweile Serifenlose- und Serifenschriften gleich gut gewohnt sind und das Aufstellen solcher allgemeinen Regeln ohnehin schwierig ist.

Vergleichbar ist dies mit dem Fraktur-Streit Ende des 19., Anfang des 20. Jahrhunderts in Deutschland, als die Verwendung von gebrochenen Schriften nach und nach von der Antiqua abgelöst wurde. Heute ist die Antiqua zu unserer Alltagsschrift geworden und von der Allgemeinheit wird das auch nicht mehr hinterfragt oder als ideologisches Instrument verwendet, weil wir uns viel zu sehr daran gewöhnt haben.

Zur Serifen- oder Serifenlosendiskussion hinzuzufügen kann man zudem noch, dass nicht die Serifen, sondern das Formprinzip der Buchstaben ausschlaggebend für die Lesbarkeit ist.

Erstens geben Serifen den Buchstaben durch die unterschiedlichen Ausläufe der Striche mehr Individualität. Sie sind also tendenziell, aber nicht grundsätzlich eindeutiger.

42 Zweitens lässt die Handhaltung der Feder dynamische bzw. statische Buchstaben entstehen. Die dynamische, schräg gestellte Form der Renaissance Antiqua führt die Augen von links nach rechts, entsprechend der Leserichtung. Die Betonung liegt auf der schrägen Schattenachse und nicht wie bei der Klassizistischen Antiqua auf der senkrechten. Bei der Klassizistischen Antiqua unterstützen die feinen Linien der horizontalen und die breiten Linien der vertikalen diese statische Betonung zusätzlich.

Dynamisches Formprinzip

Statisches Formprinzip

a

Die Binnenformen leiten die Augen, weil sie durch die Schattenachse eine treibende Dynamik in sich haben.

b

Kleine Öffnung der Binnenformen begünstigen die Vertikale.

c

Die feinen Linien liegen schräg auf der Horizontale und unterstützen so die Leserichtung.

d

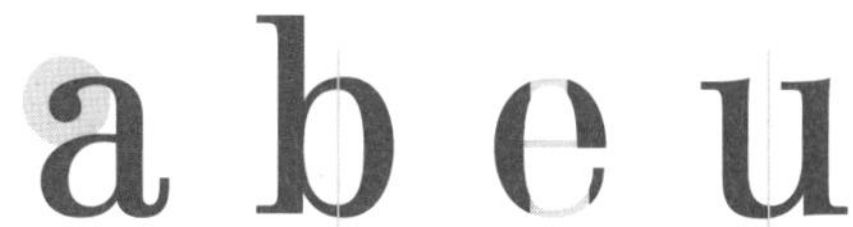

Kräftige Tropfen verstärken die Vertikale.

Die feinen Linien liegen auf der Horizontale, bei schlechten Lesebedingungen fallen sie als erstes weg und die Vertikale bleibt betont.

e

Ausgerundete kräftige Serifen wirken dynamischer.

f

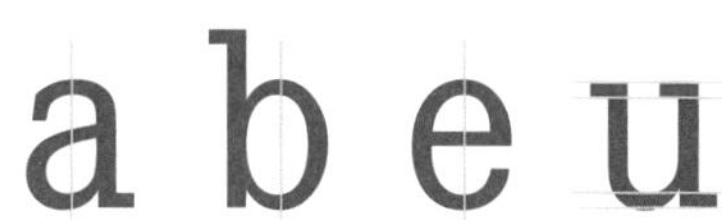

Gerade Serifen wirken konstruiert und statisch.

Man sieht eine ›Sans‹, eine ›Serif‹ und eine ›Slab‹, jeweils mit dynamischem und statischem Formprinzip. Nicht die Serifen, sondern die Formen der Buchstaben sind ausschlaggebend für eine gute Zeilenbildung.

Zusammenfassend kann man sagen, dass richtungsweisende Innenformen sowie ein ausgeglichenes Verhältnis von vertikalen und horizontalen Elementen das Lesen grundsätzlich unterstützen. Und dabei macht es wenig Unterschied, ob es Serifen gibt (Sabon → *c* vs. Centennial → *d*), sie weggelassen (NN Allegra → *a* vs. Suisse Int'l → *b*) oder verstärkt (TheSerif → *e* vs. Corporate E → *f*) werden. Tendenziell ist es zudem so, dass dynamische Schriften offenere und damit klarere Binnenformen haben, statische Schriften eher geschlossenere. Ein weiterer Faktor, der das Lesen beeinflusst. Wie gut eine Schrift lesbar ist, hängt demnach von der Herleitung der Formen ab und nicht ob Serifen vorhanden sind oder nicht.

Ein letzter Punkt: Ob eine Serifenlose gut lesbar ist, hängt auch hier wieder vom Anwendungszweck ab. In der Signaletik, bei Leit- und Orientierungssystemen beispielsweise wird die Verwendung von Serifenlosen empfohlen, da diese oft weniger Formeigenheiten haben, ihre Gegenform dadurch klarer ist, sie insgesamt ruhiger wirken und in großen Schriftgrößen und aus den unterschiedlichsten Blickwinkeln somit schneller erfassbar sind.

a NN Allegra Book
b Suisse Int'l Book
c Sabon LT Roman
d Centennial LT Regular
e TheSerif Regular
f Corporate E Regular

Der Schriftausbau

Um kommunizieren zu können, braucht eine solide Satzschrift einen umfangreichen Ausbau an *Zeichen* und *Schnitten*. Der Ausbau der Zeichen ist wichtig für die Kommunikation – damit alles, was Sie kommunizieren möchten, auch problemlos gesagt werden kann. Dazu gehören:

↓
TIPP

Die richtige Verwendung dieser Zeichen finden Sie im Kapitel 5 ›Satzqualität‹ ab Seite 88.

a 

Das große und das kleine scharfe S.

b 

c 

d 

Mögliche alternative Zeichen in einer Schrift.

⟶ **Groß- und Kleinbuchstaben** Grundlegend wichtig sind dafür die 26 Buchstaben unseres lateinischen Alphabets – jeweils als Großbuchstaben, sogenannte *Versalien* oder Majuskeln, und Kleinbuchstaben, auch *Gemeine* oder Minuskeln genannt. Je nach Sprache sind auch *diakritische Zeichen* wichtig. Diakritische Zeichen sind Buchstaben, die durch einen Zusatz wie Punkt, Strich, Bogen, Kreise, Häkchen etc. ihre Aussprache und Betonung verändern. In der deutschen Sprache beispielsweise die Umlaute ›ä‹, ›ö‹ und ›ü‹. Unverzichtbar für die Kommunikation in Österreich und Deutschland, ist auch das *scharfe S* ›ß‹ bzw. die große Variante davon. Und dann sind, je nachdem in welchen weiteren Sprachen wir mit unserer Gestaltung kommunizieren, auch nicht-lateinische Zeichen, wie etwa *hebräische oder arabische Zeichen*, relevant.

88 ⟶ **Interpunktion** Wir brauchen Interpunktionszeichen, um Texte in sinnvolle Sätze, Absätze und Abschnitte zu unterteilen.

92 ⟶ **Sonderzeichen** Je nachdem welche Inhalte gesetzt werden müssen, sind die gängigsten *Platzhalter-* und *Währungssymbole* und *mathematische Zeichen* wichtig.

93 ⟶ **Ziffern** Eine gut ausgebaute Schrift bietet verschiedene Ziffernvarianten: *Versalziffern* (Majuskel- oder Normalziffern) haben, wie der Name schon sagt, annähernd die gleiche Höhe wie die Versalien. *Mediävalziffern* (Minuskel- oder Alternativziffern) haben wie die Kleinbuchstaben eine Ober- und Unterlänge. Und dann gibt es auch noch *Kapitälchenziffern*, *Indexziffern* (hochgestellt), *Exponenten* (tiefgestellt) und *Bruchziffern*.

96 ⟶ **Ligaturen** Um eindeutig erkennbar zu bleiben, dürfen Zeichen sich nicht berühren. Damit das nicht passiert, gibt es für manche Buchstabenkombinationen eigens dafür gestaltete Glyphen, sogenannte Ligaturen.

98 ⟶ **Kapitälchen** Neben Groß- und Kleinbuchstaben haben manche Schriften auf die Mittellänge der Kleinbuchstaben verkleinerte Kapitälchen, die als leise Auszeichnung im Mengensatz verwendet werden können.

⟶ **Zeichenvarianten** Es gibt noch viele weitere Zeichenvarianten, die zwar schön anzusehen, aber kein Muss sind. Auch ohne solche Zeichen wird man einen Text ordentlich setzen können. Solche Zeichen wären etwa *Titelschriftvarianten*, *Schwungschriftvarianten*, *Symbole*, *Ornamente* oder *alternative Buchstaben*, wie beispielsweise ein einstöckiges oder ein zweistöckiges ›a‹ oder Gestaltungsvariationen für einzelne Buchstaben.

e

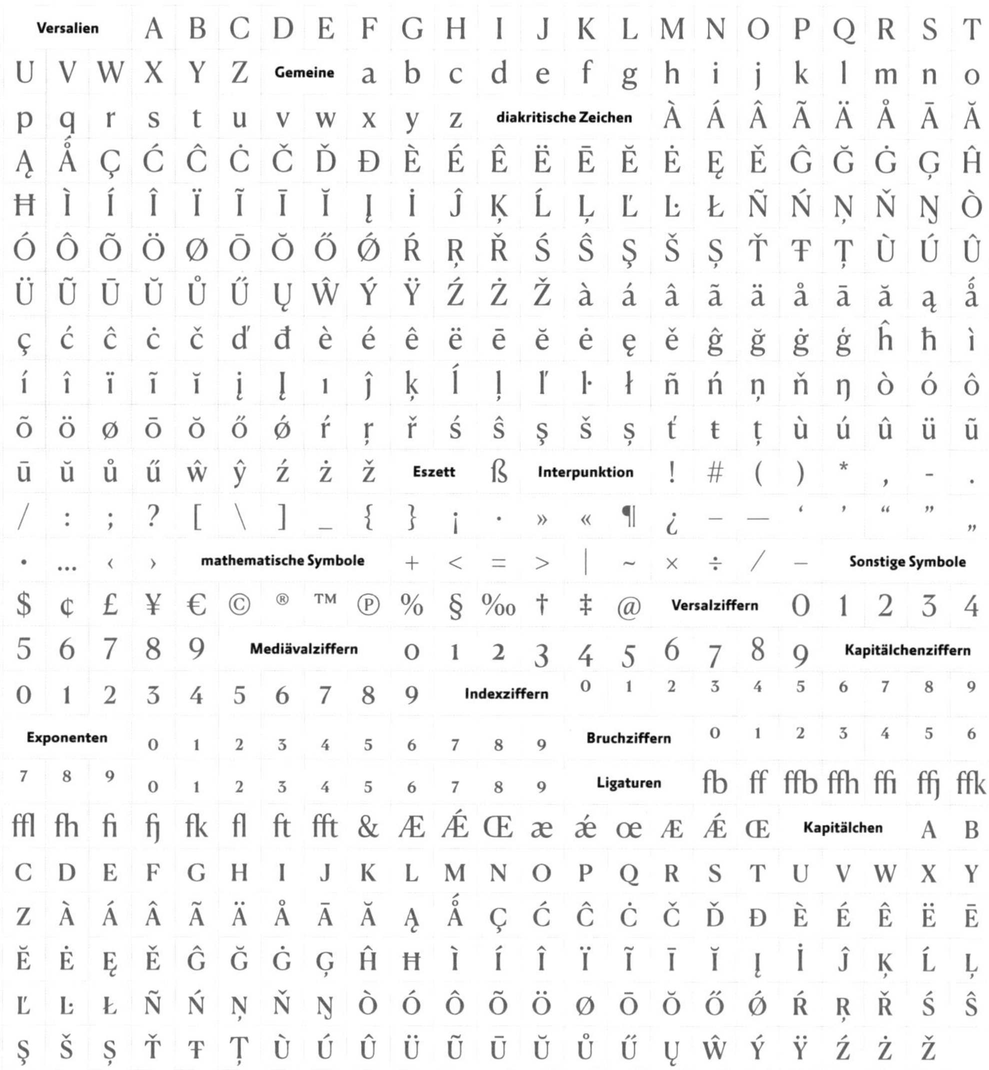

Ein Auszug aus dem Glyphenset der Canela Text Regular.

↓

TIPP

Tipps zur typografischen Organisation finden Sie im Kapitel 6 ab Seite 107.

Neben einer umfangreichen Zeichenausstattung benötigen Sie je nach Projekt auch einen passenden *Ausbau der Schnitte* als ⟶ **Schriftfamilie** oder ⟶ **Schriftsippe**. Nur so haben Sie die Möglichkeit, Schrift flexibel einzusetzen und können angepasst auf die Bedürfnisse der Leseart und der Anwendung typografische Hierarchien und Auszeichnungen gestalten.

a Laica A Medium
b NN Medien Medium
c Lab Grotesque Bold
d Adobe Caslon Pro Bold Italic
e Canela Text Regular

Die technische Schriftqualität

Die technische Qualität einer Schrift garantiert das eigens für Fonts entwickelte Format *OpenType*. OpenType hat für Userinnen und User u. a. folgende Vorteile: Mehrere Schnitte können mit einer einzigen Datei und systemübergreifend mit Windows und macOS verwendet werden. Buch-
99 staben- und Zahlenvarianten, Ligaturen, Kapitälchen etc. können dynamisch und automatisch gesetzt werden. Zudem basieren OpenType-Fonts auf dem Unicode-Zeichensatz. Ziel von Unicode ist es, für jedes Schriftzeichen einen einzigartigen, international verbindlichen und digitalen Code festzulegen. Dadurch ist garantiert, dass wenn eine bestimmte Taste bzw. Tastenkombination gedrückt oder die Glyphen-Palette aufgerufen wird, weltweit immer das gleiche Zeichen in der konkreten grafischen Ausformung der Schrift – die Glyphe – erscheint. Voraussetzung ist natürlich, dass das Zeichen in der gewählten Schrift vorhanden ist.

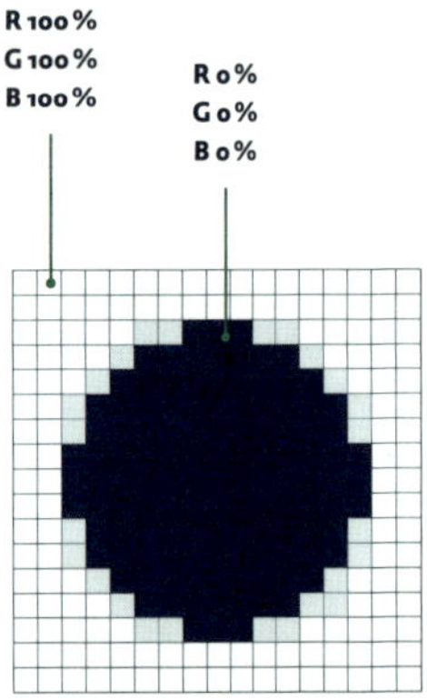

Ein Pixel besteht aus roten, grünen und blauen Subpixeln. Leuchten alle zu 100 Prozent, entsteht die Farbe Weiß. Leuchten die einzelnen Subpixel aber verschieden intensiv, kann die Farbe des Pixels beeinflusst werden. Dieser Effekt hilft, die vertikale Kontur auszugleichen, weil es so neben Schwarz und Weiß Zwischenstufen gibt.

Zur technischen Qualität einer Schrift gehört auch das *Hinting*. Digitale Schriften werden mittels Vektoren digitalisiert. Vektoren ermöglichen eine verlustfreie Skalierung, ohne dass die Schärfe der Details verloren geht. Ausgabegeräte (Monitore oder Drucker) geben jedoch keine Vektoren, sondern Pixel wieder. Wenn Schrift auf einem Bildschirm dargestellt wird, werden die einzelnen Konturen der Buchstaben gerastert, d. h. an das dahinterliegende Pixelraster angepasst. Einfach erklärt, werden dabei die Pixel, die zu einem bestimmten Prozentsatz innerhalb der Kontur liegen, schwarz gefärbt, die die außerhalb liegen weiß. In Displaygrößen ist das auch kein Problem, denn unsere Augen korrigieren die vielen Pixel zu einer geraden Linie. Wenn Schrift aber in kleineren Lesegrößen anzeigt wird, werden die Pixel im Verhältnis zur Buchstabengröße immer weniger und die Buchstaben deshalb unförmig. Beim Hinting wird die ursprüngliche Kontur der Buchstaben in den einzelnen Schriftgrößen leicht korrigiert, um so Buchstaben auch bei wenig Pixel (geringe Auflösung oder in kleinen Größen) gleichmäßig wirken zu lassen und optimiert wiederzugeben.

Unterstützt wird das Hinting durch *Antialiasing* (Kantenglättung) und *Subpixel Rendering* (Teilbildpunktwiedergabe). Antialiasing ermöglicht es neben Schwarz und Weiß durch eine Helligkeitssteuerung auch Graustufen anzuzeigen. Die Kanten sind folglich weicher – und weil unsere Augen diese besser interpretieren können, erscheinen die Buchstaben deutlicher.

Das Subpixel Rendering funktioniert ähnlich. Es verwischt die Schwarz-Weiß-Konturen der Buchstaben, indem es die vertikalen Subpixel (Rot, Grün, Blau) eines Bildschirms einzeln anspricht und so Helligkeit und Farbe steuert. Werden diese zwei Techniken mit dem Hinting kombiniert, können Vektoren trotz Pixelraster relativ gut wiedergegeben werden.

a

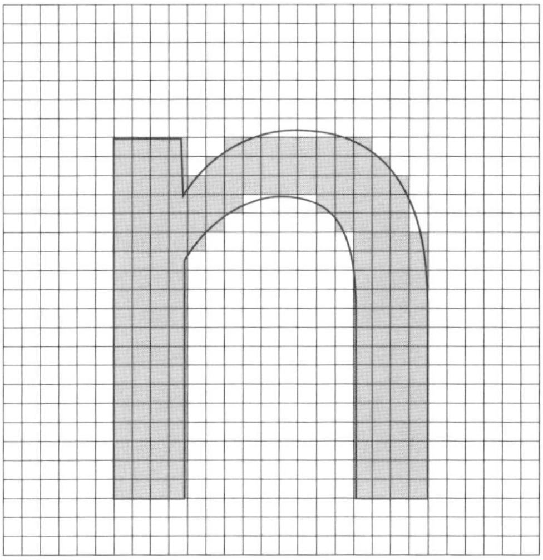

Auch ungehinted kann die Darstellung je nach Position und Größe relativ gut funktionieren. n

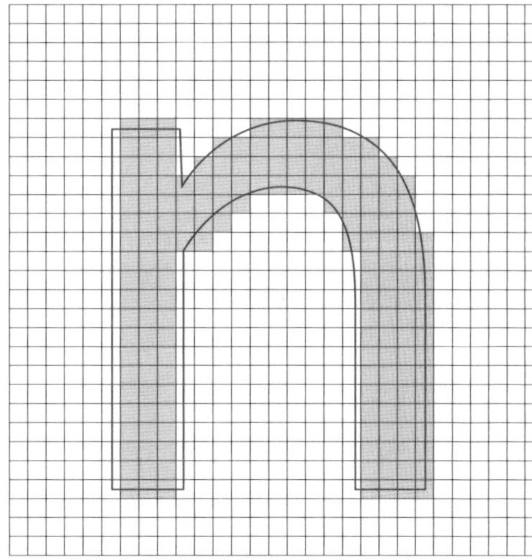

Ist die Kontur aber im Verhältnis zum Raster ungünstig platziert, kommt es zu ungleichmäßigen Konturstärken und Höhen. n

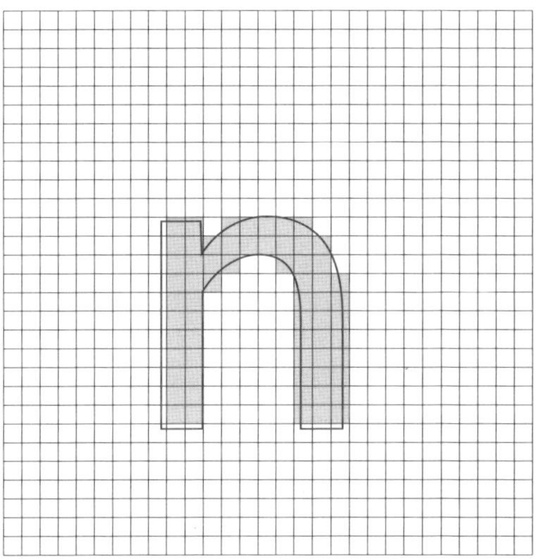

Je kleiner der Buchstabe wird, umso gröber und ungenauer wird das Raster im Verhältnis zum Buchstaben. n

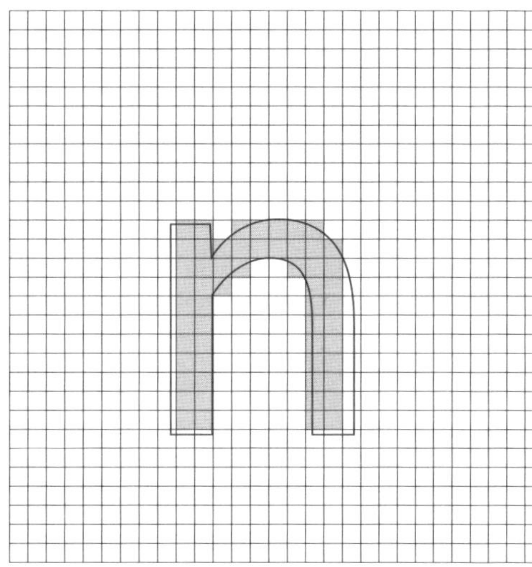

Wird der Buchstabe mittels Hints korrigiert, erscheint die Kontur trotz des groben Rasters wieder gleichmäßig. n

Ein Pixel wird angezeigt, wenn die Kontur den Pixel genügend überdeckt. Weil das je nach Position, Raster- und Schriftgröße zu Darstellungsproblemen führen kann, wird die Kontur mit Hints (Hinweisen)angepasst.

a Soleil Book

Antonia H1 | **Antonia H2** | **Antonia H3** | **Antonia Text**

Die Schriftfamilie Antonia wurde in vier optischen Größen gestaltet: ›H1‹ für große Headlines, ›H2‹ für Subheadlines, ›H3‹ für Teaser oder Zwischenüberschriften und ›Text‹ für Fließtextgrößen. Dementsprechend unterschiedlich sind auch die Details der Schrift. Vergleichen Sie einmal die hervorgehobenen Feinheiten.

Zur technischen Qualität gehören auch optische Anpassungen für die einzelnen Schriftgrößen. Grundsätzlich ist es so, dass heute aufgrund der digitalen Schriftwiedergabe jede Schrift für jede Größe verwendbar ist und wir nicht mehr für jeden Schriftgrad einen eigenen Schriftsatz brauchen. Trotzdem gestalten Typedesignerinnen und -designer Fonts immer auch für festgelegte Anwendungsgrößen. Bei gleichbleibendem Leseabstand wirkt und liest sich eine Schrift in 6 Punkt nicht gleich wie in 300 Punkt, weil sich durch den Größenwechsel das Verhältnis von Schwarz und Weiß ändert. Um dem entgegenzuwirken gibt es *optische Designgrößen*. Erkennen können Sie diese am Namenszusatz, beispielsweise wie hier bei der Schrift Antonia mit den Zusätzen ›H1‹ für große Titel, ›H2‹ für Subheadlines, ›H3‹ für Einleitungstexte oder kleinere Zwischenüberschriften und ›Text‹ für Fließtexte. Diese Einteilung und Benennung ist, wie schon die Benennung der Schriftschnitte, von Type Foundry zu Type Foundry sehr verschieden.

In Designschriftgrößen bleibt der grundsätzliche Charakter einer Schrift erhalten, es verändern sich jedoch Feinheiten wie *Formdetails*, die *Proportionen* und der *Strichstärkenkontrast*. Unter anderem werden folgende Anpassungen gemacht: In großen Größen sind charaktervolle Details besser erkennbar und können kontrastreicher und feiner gestaltet werden. Die Weißräume sind zudem größer – dadurch können Ober- und Unterlängen verkürzt, die Mittellänge und Innenräume verkleinert sowie Zeichen insgesamt schmaler gestaltet und zugerichtet werden. Umgekehrt gilt dasselbe. Je kleiner die Schriftgröße wird, müssen, damit Buchstaben eindeutig bleiben, die Strichstärkenkontraste reduzierter, Charakteristika, Übergänge und Serifen kräftiger, die Innenräume offener sowie die Buchstabenbreite und Zurichtung breiter werden.

Designgrößen sind dazu da, dass Schriften größenunabhängig gleich wirken und gleich gut lesbar sind.

a Serifee bei der Wasserschlange

Antonia H2

Serifee ließ sich von der Wasserschlange nicht stören. Sie war wohl selbst genauso erschrocken, da sie zum ersten Mal eine Buchstabenfee …

Sie hatte zum ersten Mal eine Buchstabenfee gesehen.

d Serifee bei der Wasserschlange

Antonia Text

Serifee ließ sich von der Wasserschlange nicht stören. Sie war wohl selbst genauso erschrocken, da sie zum ersten Mal eine Buchstabenfee …

Sie hatte zum ersten Mal eine Buchstabenfee gesehen.

Der Strichstärkenkontrast wird bei Designgrößen im Sinne der Lesbarkeit angepasst, weil – wie man hier gut erkennen kann – nicht jede Schrift für jede Größe geeignet ist.

Wir nehmen Objekte aus der Ferne nicht genauso präzise und detailliert wahr wie aus nächster Nähe. So wie das üppige Bühnen-Make-up für das Publikum nicht erkennbar ist, so verflüchtigen sich Buchstabenkonturen, je kleiner die Betrachtungsgröße ist. Es verschwinden feine Details und scharfe Kanten werden zu weichen Kurven. Das liegt daran, dass die Wahrnehmung unserer Augen beschränkt ist und wir Feinheiten nur bis zu einem gewissen Grad erkennen können. Um es bildlicher auszudrücken: Unseren Augen fehlt der Zoom. Diese Idee der Anpassung kommt daher nicht von
84 ungefähr. Schon als noch mit Bleilettern gedruckt wurde, haben Stempelschneider diese feinen Ausgleiche in den Schriftgraden zur Unterstützung des Lesevorgangs gemacht.

Auch bei den abgebildeten Schriften kann man diese Ausgleiche erkennen. Je kleiner die vorgesehene Anwendungsgröße (Antonia Text → *d*, Noe Text → *f*), umso gleichmäßiger ist der Strichstärkenkontrast. Bei Displayschriften (Antonia H1 → *a*, Noe Display → *e*) tritt genau das Gegenteil ein: Die Striche sind leichter und der Strichstärkenkontrast differenzierter. Zudem sind die vertikalen Dimensionen insgesamt schmaler, da die Binnenräume durch die Größe größer und damit sowieso besser erkennbar sind als bei kleinen Größen. Die Abbildung zeigt außerdem, welchen Unterschied (vor allem in der Captiongröße) es beim Lesen macht, wenn die von der Typedesignerin, dem Typedesigner beabsichtigte Schriftgröße nicht beachtet wird.

e Aa

f Aa

Je größer Buchstaben sind, umso größer wird der Weißraum im Verhältnis zum Schwarz der Buchstaben. Um diesen vergrößerten Weißraum auszugleichen, werden Displaybuchstaben schmäler als Textbuchstaben gestaltet.

a Antonia H1 Regular
b Antonia H2 Regular
c Antonia H3 Regular
d Antonia Text Regular
e Noe Display Regular
f Noe Text Regular

Pensum Display Regular

Name der Schrift — Anwendungsgröße — Schnitt

NN Colroy Trial Regular Italic

Type Foundry — Name der Schrift — Lizenzhinweis — Schnitt

Cera Round Pro Regular

Name der Schrift — Formmerkmal — Sprachunterstützung — Schnitt

Der Aufbau von Schriftnamen gibt oftmals schon Hinweise über die Herkunft, Gestaltungsdetails oder die optimale Anwendungsgröße der Schrift.

Wie schon angedeutet, können, um Schriften ihrem Zweck entsprechend zu unterscheiden, die Namen der Schrift hilfreich sein. Die Benennung unterliegt zwar keiner allgemeinen Konvention, dennoch gibt es wiederkehrende Elemente:

Das *Kürzel für die Type Foundry*, z. B. LT für Linotype. Dieses wird meist, aber nicht immer, vor dem Namen angeführt.

Der *Lizenzhinweis* bzw. die *Sprachunterstützung:* Viele Type Foundries bieten ihre Schriften als ›Std‹ (Standard) oder ›Pro‹ (Professional) an. Standard unterstützt meist eine einfache Anzahl an Glyphen, die für die lateinischen Sprachen reicht. Für eine größere Sprachunterstützung braucht man einen Pro-Schriftsatz. Welche Glyphen wo inkludiert sind und ob es eventuell noch weitere, nicht lateinische Sprachunterstützungen (beispielsweise Arabic, Hebrew) gibt, lesen Sie am besten bei der Schrift selbst nach.

Der *Anwendungszweck*: Dieser kann beispielsweise ›Text‹, ›Display‹, ›Title‹, ›Poster‹, ›Grande‹, ›Headline‹, ›Subhead‹, ›Office‹, ›Sign‹, ›Caption‹ lauten.

Die *Formmerkmale*: Manche Hersteller geben auch schon Formmerkmale der Buchstaben im Namen an: ›Round‹, ›Soft‹, ›Serif‹, ›Sans‹, ›Slab‹, ›Script‹, ›Stencil‹, ›Outline‹ etc.

Die *Schriftbreite*: Beispielsweise ›Monospaced‹, ›Condensed‹, ›Extended‹, ›Compact‹, ›Narrow‹, ›Compressed‹, ›Extra Extended‹, ›Wide‹ oder ›Extra Wide‹.

Unabhängig vom Namen ist es immer aufschlussreich, direkt bei der Foundry die Beschreibung der Schrift nachzulesen. Viele bieten auch kleine Schriftmuster, sogenannte Type Specimen an und zeigen und beschreiben so die optimale Anwendbarkeit der Schrift.

ATF	**American Type Founders® Collection**
DTL	**Dutch Type Library**
FF	**FontFont**
FS	**Fontsmith**
GT	**Grilli Type**
GTF	**Good Type Foundry**
ITC	**International Typeface Corporation**
LT	**Linotype**
MT	**Monotype Corporation**
NN	**Nouvelle Noire**
PMN	**Peter Matthias Noordzij**
PT	**ParaType**
TT	**TypeType**
URW	**URW Type Foundry**

Einige beispielhafte Kürzel von Type Foundries.

a
Light
Regular
Medium
Semibold
Bold
Heavy

b
Hairline
Extralight
Light
Regular
Text
Semibold
Bold
Black

c
Extralight
Light
Regular
Book
Medium
Bold
Extrabold
Black

Es gibt weder bei der Benennung, noch bei der Strichstärke von Schrift vordefinierte Werte, an die sich Type Foundries halten – dementsprechend verschieden kann ein und dieselbe Schnittbezeichnung sein.

Abschließend zum Lesbarkeitsaspekt noch ein Hinweis: Nicht für jedes Projekt gelten alle auf den vorherigen Seiten erwähnten Kriterien von *Buchstabenqualität*, *Schriftbildqualität*, *Schriftausbau* und *technischer Qualität* allumfassend und ohne Wenn und Aber. Um einige Beispiele zu nennen: Eine umfangreiche Sprachunterstützung einer Schrift ist nur dann wichtig, wenn die Sprache gebraucht wird oder absehbar ist, dass der Entwurf international ausgerollt werden könnte. Bei einem Branding für eine kleine regionale Bäckerei, die keine Ambitionen zu einer Expansion hat, wird das weniger wichtig sein als für einen großen Hersteller von Teiglingen. Bei wissenschaftlichen Arbeiten, Geschäftsberichten, Jahresbilanzen etc. sollte darauf geachtet werden, dass eine Schrift auch die nötigen fachspezifischen mathematischen Zeichen und Ziffern zur Verfügung stellt. Bei der Buchtypografie sind Mediävalziffern und je nach Differenzierungsgrad echte Kursive und Kapitälchen wichtig. Wie umfangreich der Ausbau sein muss, ist demnach projektabhängig. Fehlen einer Schrift jedoch grundlegende Zeichen der Interpunktion oder der Groß- und Kleinbuchstaben, sollte man besser die Finger von ihr lassen.

Dass all diese Kriterien erfüllt werden, ist besonders dann essenziell,
50 wenn Schrift dienen und unterstützen soll und vor allem dann, wenn wir größere Textmengen lesen. Schrift für Poster, T-Shirts oder andere plakative Anwendungen mit kurzen Texten kann auch kurzlebiger sein und muss nicht all diesen Lesbarkeitsmerkmalen entsprechen. Ausgefallene Schriften werden bei jedem Lesbarkeitstest durchfallen, können aber wichtig für die gewünschte Atmosphäre sein.

a Antonia H2
b Brando
c Meret

Atmosphäre

16 Im zweiten Kapitel wurde bereits intensiv beschrieben, warum und wie Schrift wirkt. Schrift ist die Stimme des Textes und als Gestalterin, Gestalter hat man durch die Wahl der Schrift in der Hand, welches Timbre die Stimme des Texts bekommen soll. Welchen spezifischen Charakter wollen Sie mit der Schrift dem Inhalt geben? Welche Vorlieben und Abneigungen gibt es? Soll das gestaltete Medium sich hervorheben oder an das Umfeld anpassen? Welche Absichten gibt es?

Die *Atmosphäre* übersetzt und konkretisiert die Absicht einer Information.

Männer

männliches Geschlecht

Frauen

weibliches Geschlecht

Männer und Frauen

Die Funktion und nicht das Geschlecht oder Eigenschaften wie Alter, Behinderung etc. steht im Vordergrund.

Ein plakatives Beispiel, das zeigt, wie wir Menschengruppen mit Gestaltung ein- oder ausschließen können.

Schrift ist Transportmittel für Sprache und Atmosphäre. Durch die Auswahl und die typografische Anordnung lenken wir Leserinnen und Leser. Es ist aber nicht nur die Schrift und die typografische Anordnung, die Wirkung hat – es ist das ganze Drumherum, die Umsetzung, das ›Angreifbare‹ der Sache. Man kann nicht nicht kommunizieren, man kann (sobald man lesen gelernt hat) nicht versuchen nicht zu lesen, man kann keine Schrift ohne Wirkung wählen und man kann mit einer Gestaltung nie ohne Absicht sein. Auch keine Absicht ist eine Absicht. Gestaltungsentscheidungen haben immer eine Wirkung, weil unsere Umwelt, unsere Ökonomie eine vom Menschen für Menschen geschaffene ist. Sie basiert daher auf Werten und Idealvorstellungen, die der Mensch selbst festgelegt hat. Sie sollten sich als Gestalterin, als Gestalter deshalb bewusst sein, dass Sie immer Absichten kommunizieren und daher auch bewusst entscheiden, welche Absichten Sie verfolgen. Eine Entscheidung für etwas ist immer auch eine Entscheidung gegen etwas anderes. Sie *inkludieren* und *exkludieren*. (In diesem Buch wurde deshalb bewusst auf den obligatorischen Genderhinweis, dass Frauen mitgemeint werden, verzichtet. Gute Gestaltung inkludiert alle – und das ohne zu Lasten der Lesbarkeit zu gehen.)

Wie können Sie Ihre Absichten nun gezielt kommunizieren? Wie können Sie Werte wie modern, fortschrittlich, persönlich oder

a, b

PORTRAITS STORIES FASHION

Antonia Müller

Fotografin

am@studiolichtblick.com

T +43 664 12 34 56 78

Studio Lichtblick Musterweg 7 1050 Wien

@studiolichtblick studiolichtblick.com

a, c

PORTRAITS STORIES FASHION

Antonia Müller

Fotografin

am@studiolichtblick.com

T +43 664 12 34 56 78

Studio Lichtblick Musterweg 7 1050 Wien

@studiolichtblick studiolichtblick.com

Gestaltung entsteht nicht nur durch Schrift und die typografische Anordnung. Die Werte eines Produktes werden immer durch alle umgebenden Aspekte kommuniziert.

biologisch in einer grafischen Gestaltung (mit Schrift) umsetzen? Und wie können Sie messen, welche Gestaltung dem gewünschten Ergebnis besser entspricht? Die Antworten auf diese Fragen sind unbefriedigend, weil es leider oft keine allgemeingültige gibt. Man kann (und sollte auch nicht) generelle Regeln und Empfehlungen aufstellen, weil sie Ihr eigenes, und bei der Gestaltungsarbeit so wichtiges, Denken einschränken. Denn nicht jede Serifenlose ist moderner als jede Serifenschrift, nicht jede Schreibschrift persönlicher oder handgemachter und nicht jede Klassizistische Antiqua ist vornehmer.

19 Wenn wir noch einmal an das Visitenkarten-Beispiel aus Kapitel zwei zurückdenken, mag im ersten Moment vielleicht die eine Variante als die ›bessere‹ erscheinen, wenn der Fokus auf die Person und das rasche Auffinden der persönlichen Kontaktdaten gelegt werden soll. Wie ansprechend und praktikabel eine Visitenkarte ist, hängt aber nicht nur von der präsenteren Platzierung und der Schrift ab. Die Atmosphäre wird auch durch die Farben, Papierwahl und Druckqualität bestimmt. Ein anderes Beispiel wäre die Verpackung eines Konsumproduktes. Eine Verpackung kommuniziert in erster Linie visuelle und inhaltliche Werte. Diese Werte sollen zusätzlich ebenso in der Art, Form und Größe der Verpackung, der Material- und Farbwahl, der Produktionsqualität und nicht zuletzt auch in der Marke und im Produkt selbst (!) ersichtlich sein. All das ist Gestaltung und schafft Atmosphäre. So kann eine zu Beginn vielleicht unpassendere Schrift durch eine solide Anordnung der umgebenden Elemente trotzdem den richtigen Ton treffen und eine passende Schrift durch einen ungeschickten Einsatz eben nicht. Keine gestalterische Atmosphäre ist von nur einem Faktor alleine abhängig. Denn Gestaltung ist immer ein Zusammenspiel von vielen verschiedenen Faktoren.

↓

BUCHEMPFEHLUNG

Einen interessanten Einblick, was gute, allen dienende und nicht nur oberflächlich schöne Gestaltung bewegen und verändern kann, gibt Andreas Koop in seinem Buch ›Schön und gut. Was werteorientierte Gestaltung verändern kann.‹

a NN Allegra Book
b Laica A Medium
c Adieu Regular

Praktische Erwägungen

Oberfläche

Wie gut eine Schrift lesbar ist, ist auch von den Rahmenbedingungen der umgebenden Elemente abhängig. Einerseits ist das das Zielmedium, denn Schrift und Untergrund stehen in Wechselwirkung zueinander: Auf welcher
141 Oberfläche wird die Schrift verwendet? Gibt es durch die Verarbeitung irgendwelche Einschränkungen, die die Schriftwahl beeinflussen können? Selbst Papier ist nicht Papier. Je nach Druckverfahren und Oberflächenbearbeitung, Tönung etc. verändert sich der Kontrast und damit die Wirkung der Schrift. Auch durch das Weiß der beleuchteten Bildschirmhintergründe, das viel mehr strahlt als das Weiß des Papiers, wirkt dieselbe Schrift am Bildschirm wiederum anders als auf dem Papier.

Die umgebenden Elemente wie *Medium*, *Oberfläche* oder *zusätzliche Schriften* beeinflussen die Auswahl einer Schrift.

Schriftmischung

Die Schriftwahl wird neben der Oberfläche und dem Umfeld auch von weiteren Schriften, die zusätzlich verwendet werden, beeinflusst: Welche sind das und wie harmonisieren sie mit Ihrer gewählten Schrift? Ist ihr
122 Kontrast deutlich genug oder stehen sie in Konkurrenz zueinander? Das Mischen von Schriften hat didaktische und ästhetische Hintergründe, denn sowohl ästhetisch gestaltete als auch gut strukturierte Texte beeinflussen den Leseanreiz. Mit einer Schriftmischung können ganz leicht und effektiv Inhalte nach ihren Zusammenhängen gegliedert werden. Es entsteht eine Hierarchie, die hilft, komplexe Inhalte und die Textstruktur besser zu erfassen. Die Ausdrucksmöglichkeiten der visuellen Sprache erweitern sich und das Querlesen fällt leichter. Schrift zu mischen macht auch Sinn, um Aufmerksamkeit zu wecken oder zu lenken.

In diesem Buch wurde aus denselben Gründen Schrift gemischt. Leseebenen sind die Titelhierarchie, der sachliche (schwarz) und der erklärende (blau) Fließtext, Bildbeschriftungen, Kolumnen, Legenden, Seitenzahlen. Diese Ebenen sollen Ihnen beim Lesen helfen und Sie durch das Buch leiten. Zudem gibt es im Mengensatz immer wieder leise Auszeichnungen mit der Kursiven, die wichtige Inhalte markieren.

↓

DESKTOP-FORMATE
.OTF
.TTF

↓

WEB-FORMATE
.WOFF / .WOFF2
.EOT
.SVG

↓

KOSTENLOSE SCHRIFTEN
fonts.google.com

↓

MIETSCHRIFTEN
monotype.com
fonts.adobe.com
fontstand.com

Lizenz

Ein weiterer Punkt, der die Rahmenbedingungen betrifft, jedoch oft nicht genug in den Fokus genommen wird, sind Schriftlizenzen. Auch sie sind wichtig bei der finalen Schriftauswahl, denn je nach Einsatzgebiet, Umfang und Anzahl der Schriftnutzerinnen, -nutzer gibt es verschiedene Lizenzmodelle und dafür entsprechende Dateiformate. Gerade bei Websites können bestimmte Schriften sehr schnell sehr teuer werden. Wichtig ist, dass man nicht nur die Datei auf dem Rechner hat und ›besitzt‹, sondern für jedes Projekt rechtmäßige Lizenznehmerin, rechtmäßiger Lizenznehmer ist. Type Foundries regeln ihre Lizenzen alle unterschiedlich; auf ihren Websites finden Sie aber detaillierte Informationen darüber.

Beim Durchstöbern wird man bald feststellen, dass Schriften einiges kosten. Gerade in der Ausbildung empfehle ich, die Websites der verschiedenen (eher kleineren) Type Foundries zu durchforsten, da man oft günstigere Lizenzen oder kostenfreie Testversionen für nicht kommerzielle Uni- oder Schulprojekte zur Verfügung gestellt bekommt. Es gibt auch grundsätzlich kostenfreie qualitative Schriften wie etwa die *Google Fonts* oder vergünstigte Cloud-Modelle wie die *Monotype Library Subscription* oder die *Adobe Fonts*. Braucht man eine Schrift für ein Projekt nur für einen kürzeren Zeitraum, empfehle ich auch *Fontstand*, eine Plattform, auf der man Schriften von verschiedenen Type Foundries monatlich mieten kann und so nur einen Bruchteil bezahlt. Generell aber gilt, dass der enorme Aufwand, der hinter einer Schrift steckt, den Preis durchaus rechtfertigt und dieser von Gestaltenden auch honoriert werden sollte. Schrift ist schließlich unser Werkzeug und jede Handwerkerin, jeder Handwerker braucht ordentliches Werkzeug.

Ein kurzer Überblick der verschiedenen Lizenzmodelle von Fonts:

Mit einer **Desktop-Lizenz** dürfen Fonts am eigenen Desktop installiert und verwendet werden, um u. a. statische, unveränderbare Dateien (.pdf, .jpg etc.) zur Weitergabe zu erstellen.

Eine **Web-Lizenz** ermöglicht die Nutzung eines Font auf dem eigenen Webserver via @font-face-Deklaration-Einbindung in CSS.

Mit der **Mobile App-Lizenz** dürfen Fonts in Apps für iOS, Android oder Windows eingebettet werden.

Die **ePublishing-Lizenz** erlaubt es, Fonts in elektronische Dokumente wie E-Books, E-Magazine etc. einzubetten.

Server-Lizenzen werden für webbasierte Dienste benötigt, bei denen Userinnen und User den Font nur über das Web oder remote zur Individualisierung von Produkten (Visitenkarten, T-Shirts, PDF-Rechnungen etc.) verwenden können.

Wie Schrift sorgfältig gesetzt wird

Einführung in die Mikrotypografie

Die ersten Gedanken rund um die Gestaltungsaufgabe sind gemacht: Die Schrift wurde im Sinne der zu erfüllenden Funktion, der optimalen Lesbarkeit, des gewünschten Charakters und anderer praktischer Erwägungen ausgewählt. Die beste Schrift nützt aber nichts, wenn sie nicht optimal gesetzt wird. Lesbarkeit ist nicht die alleinige Aufgabe der, des Schriftgestaltenden, auch Typografinnen und Typografen tragen Verantwortung, einen Text optimal zu gestalten. Das sichtbare typografische Handwerk beginnt nun mit der Anwendung – dem Setzen.

In der Typografie wird dabei zwischen Mikro- und Makrotypografie unterschieden. Die Mikrotypografie beschäftigt sich mit den Details: *mit Buchstaben, Wörtern, Zeilen* und *Spalten* und den *jeweiligen Abständen* dazwischen. Die Makrotypografie dagegen befasst sich mit der typogra-
106 fischen Anordnung und dem Layout (mehr im nächsten Kapitel).

15 Zur Erinnerung: Bei der Bewertung von typografischer Gestaltung können wir nicht grundsätzlich von gut oder schlecht sprechen, weil diese von sehr subjektiven Elementen wie Können, Aufwand und Auffassung abhängig ist bzw. Gestaltung auch immer einen Zweck verfolgt. Gut oder schlecht schließt aber nicht richtig oder falsch mit aus. Richtig oder falsch ist eine Sache des Wissens – und Wissen ist für die Ausübung von Handwerk essenziell: Denken Sie an eine Musikerin (oder einen Musiker), die ein gutes Gefühl für Melodien hat, aber nie das Handwerk des Notenschreibens gelernt hat: Kein Orchester könnte ihr Werk je wiedergeben. Oder an einen Fotografen (oder eine Fotografin), der die Kamera mit all ihren Möglichkeiten nicht bedienen kann: Ihm nützt auch das beste Gespür für Bildkompositionen nicht viel.

In der geschriebenen Sprache verbinden sich wie in der gesprochenen *Inhalt* (Funktion) und *Botschaft* (Emotion). Perfekt gesetzte Details machen zwar einen Text funktionell verständlich, eine langweilige Gestaltung kann die Mühen jedoch auch umsonst erscheinen lassen, weil keiner den Text lesen mag – und ein kreatives ästhetisches Layout nützt der Leserin, dem Leser nichts, wenn die Details so ungenügend gesetzt sind, dass das Lesen zur Schwierigkeit wird. Und auch wenn die makrotypografischen Aufgaben meist spannender und kreativer erscheinen, sind es gerade die Details bzw. die sorgsame Kombination von Mikro- und Makrotypografie, die die Qualität eines gesetzten Textes ausmachen.

Die Elemente der Mikrotypografie

27 Um noch einmal kurz auf das anatomische Sehen zurückzukommen. Weiß
und Schwarz, Licht und Schatten, die bedruckten und nicht bedruckten
Flächen wirken aufeinander ein. Mangelhafte Abstände (Weißräume) sind
oft das, was Leserinnen und Lesern das Lesen erschwert. Im Idealfall erzeu-
gen diese Flächen ein gleichmäßiges, fleckenloses Grau. Die Schriftgestal-
57 terin, der Schriftgestalter ist bei der Buchstabengestaltung durch optische
Ausgleiche schon auf diese Wirkung eingegangen. Im zweiten Schritt hat sie,
58 er dann durch Zurichtung und Kerning weiter auf einen optimalen Grau-
wert (die Helligkeit eines Textes) hingearbeitet. Wie schon in der Einführung
dieses Kapitels angedeutet, ist es im letzten Schritt nun die Aufgabe der
Gestalterin, des Gestalters, einen harmonischen Rhythmus von Weiß und
Schwarz zu erreichen. Und auch in der Typografie ist – wie bei der Schrift-
gestaltung – das wichtigste Messmittel für diese Verteilung der Weißräume
nicht die mathematische Flächengleichheit, sondern das Auge.

Beim Lesen ist weder ein zu hell noch ein zu dunkel gut. Dieses zu hell oder zu dunkel lässt sich gut mit zusammengekniffenen Augen bzw. mit ein wenig mehr Entfernung erkennen. Die Augen nehmen dann nur noch helle und dunkle Kontraste und keine Details mehr wahr. Die wichtigste Einheit für die einzelnen Abstände (Buchstaben-, Wort- und Zeilenabstand) und den Grauwert sind die Innenräume der Buchstaben. Je kleiner, enger, geschlossener diese sind, desto kleiner müssen die Abstände gesetzt werden. Je größer, offener, heller die Innenräume, desto größer, weiter die Abstände.

Für die Lesbarkeit gibt es zu Beginn darum nur wenig Fundamentales:

⟶ **Schriftwahl**

46 Die Wahl der richtigen Schrift, wie im vorherigen Kapitel beschrieben wurde.

⟶ **Buchstabenabstand**

Den richtigen Buchstabenabstand zu finden, damit ein zusammenhängendes und kein zu loses oder zu fleckiges Wortbild entsteht.

⟶ **Wortabstand**

Der Wortabstand soll nicht zu klein (damit Worte als einzelne Worte erkennbar bleiben) oder zu groß sein (damit Zeilen nicht auseinanderfallen).

⟶ **Zeilenlänge**

Die Zeilenlänge soll dem Lesezweck entsprechend gewählt werden.

⟶ **Zeilenabstand**

Der Zeilenabstand soll in Abstimmung mit der Zeilenlänge die Augen beim Lesen in den Zeilen halten.

Buchstabenabstand oder Zeichenabstand

Der Zeichenabstand kann positiv oder negativ korrigiert werden, dabei wird zwischen Nach- und Vorbreite bei allen Buchstaben der gleiche Abstand hinzugefügt bzw. der Abstand um den gleichen Wert verringert. Verändern können Sie den Zeichenabstand in Textgestaltungsprogrammen mithilfe der Laufweiten-Einstellung.

Standardmäßig werden Buchstaben von Programmen ohne Abstand gesetzt, d. h. der Abstand zwischen zwei Zeichen ist nur so groß wie die Nachbreite des letzten und die Vorbreite des nächsten Buchstaben und die Laufweite entspricht somit der Dickte (Breite) der Buchstaben.

a

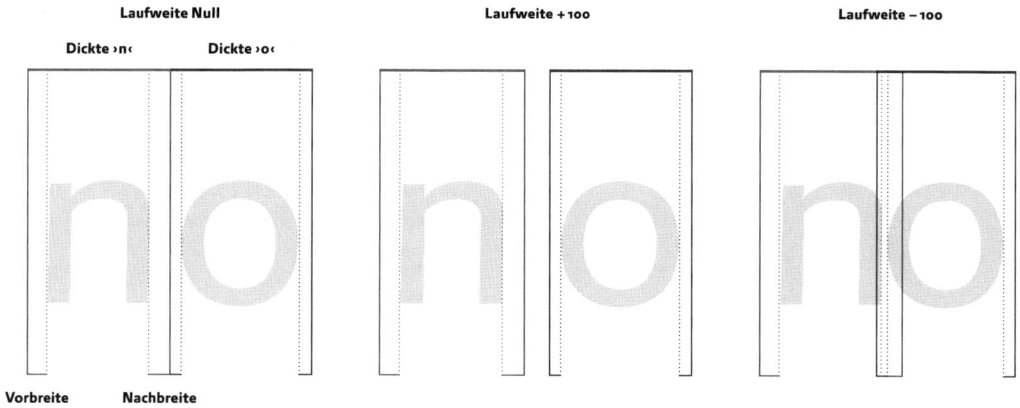

Beim Erhöhen der Laufweite wird Raum zwischen die Buchstabenbreite gegeben, beim Verkleinern wird der Raum unterschnitten. Die Buchstabenbreite bleibt dabei gleich.

Nicht nur Details verschwinden bei kleinen Schriftgrößen, auch die Wirkung von Weißräumen ändert sich. Der Weißraum zwischen den Buchstaben ist aber entscheidend, damit Buchstaben einzeln wahrgenommen werden. Deshalb müssen Änderungen der Zeichenabstände immer im Zusammenhang mit der Schriftgröße gesehen werden und proportional vermindert (unterschnitten) bzw. erweitert (spationiert, gesperrt) werden.

Sind die Buchstabenabstände zu weit, fallen die für das Lesen so wichtigen Wortbilder auseinander. Sind sie zu eng, entstehen Flecken, weil mehrere Buchstaben sich verbinden. Gut ausgeglichen sind die Abstände dann, wenn sie optisch gleich groß wirken.

Größer oder kleiner meint nicht unbedingt immer die Schriftgröße. Damit ist auch die Betrachtungsgröße gemeint. Texte, die näher sind, wirken größer und von je weiter weg man einen Text liest, beispielsweise bei Leit- und Orientierungssystemen oder auf Plakaten im öffentlichen Raum, wirkt ein Text trotz großer Schriftgrößen optisch um ein Vielfaches kleiner.

a NN Allegra Book

a

Headline — 24 pt

Aufmerksam erkundete sie die Gegend **LW 0**

Aufmerksam erkundete sie die Gegend **LW −15**

Versalsatz — 9 pt

AUFMERKSAM ERKUNDETE SIE DIE GEGEND UND VERSUCHTE SICH ZU ERINNERN, WO SIE IHREN FLÜGEL VERLOREN HATTE. **LW 0**

AUFMERKSAM ERKUNDETE SIE DIE GEGEND UND VERSUCHTE SICH ZU ERINNERN, WO SIE IHREN FLÜGEL VERLOREN HATTE. **LW +40**

Fließtext — 9 pt

Aufmerksam erkundete sie die Gegend und versuchte sich zu erinnern, wo sie ihren Flügel verloren hatte. Ihr fiel einfach nicht ein, in welchem unglücklichen Moment dies geschehen war. **LW 0**

Aufmerksam erkundete sie die Gegend und versuchte sich zu erinnern, wo sie ihren Flügel verloren hatte. Ihr fiel einfach nicht ein, in welchem unglücklichen Moment dies geschehen war. **LW +25**

Konsultationstext — 6 pt

Aufmerksam erkundete sie die Gegend und versuchte sich zu erinnern, wo sie ihren Flügel verloren hatte. Ihr fiel einfach nicht ein, in welchem unglücklichen Moment dies geschehen **LW 0**

Aufmerksam erkundete sie die Gegend und versuchte sich zu erinnern, wo sie ihren Flügel verloren hatte. Ihr fiel einfach nicht ein, in welchem unglücklichen Moment dies geschehen **LW +25**

Die ideale Laufweite ist abhängig von der Schriftgröße.

Um herauszufinden, ob zu hell oder zu dunkel gesetzt wurde, hilft oft der direkte Vergleich. Hat man zwei Vergleichswerte als Ausgangspunkt, merkt man sofort, was angenehmer zu lesen ist und kann auf die richtige Laufweite hinarbeiten. Welcher Abstand in welcher Schriftgröße bei welcher Schrift der richtige ist, wird oft widersprüchlich diskutiert, dennoch gibt es einige Ansätze, an die man sich halten kann:

Zur Erinnerung, grundsätzlich gilt *je kleiner, enger, geschlossener die Buchstabeninnenräume sind, desto kleiner müssen die Abstände gewählt werden. Je größer, offener, heller, desto größer, weiter die*
57 *Abstände.* Buchstaben werden aufgrund der optischen Ausgleiche für große Schriftgrößen proportional schlanker gestaltet. Proportional schlanker werden dann auch die Innenräume und dementsprechend die Buchstabenabstände. Die meisten Schriften sind jedoch für Fließtextgrößen und ohne spezifische Größenanpas-

Headline — 24 pt

b Aufmerksam erkundete sie die Gegend **LW 0**

Bei Schriften, die für Displaygrößen gestaltet sind (b), sind die Buchstaben, die Innenräume und folglich die Abstände schlanker. Sie ergeben in dieser Anwendungsgröße daher ohne Korrektur ein kompakteres Lesebild als Textschriften (a).

Konsultationstext — 6 pt

a Aufmerksam erkundete sie die Gegend und versuchte sich zu erinnern.

Aufmerksam erkundete sie die Gegend und versuchte sich zu erinnern.

Bei heller Schrift auf dunklem Hintergrund wirken die Innenräume der Buchstaben kleiner als bei dunkler Schrift auf hellem Hintergrund.

sungen gestaltet. Wird solch eine Schrift für Überschriften verwendet, ist der von der Schriftgestalterin, dem Schriftgestalter festgelegte Abstand oft zu weit, weil er eben für Fließtexte angepasst wurde → *Headline*. In kleinen Größen dagegen ist die Laufweite aus demselben Grund oft zu eng → *Konsultationstext*.

Versalien sind darauf ausgerichtet, neben Gemeinen zu stehen. Wird Text nun nur in Versalien gesetzt, sind die Abstände zu eng zugerichtet, weil Versalien größere Innenräume als Gemeine haben. Der Text wird mit erweiterter Laufweite dann besser lesbar → *Versalsatz*. Dasselbe gilt übrigens analog für den Kapitälchensatz. Auch hier trägt eine erweiterte Laufweite zur Lesbarkeit bei.

Generell hilft es bei erschwerten Lesebedingungen, die Laufweite minimal zu erweitern. Etwa bei negativ gesetztem Text. Die Wirkung von dunklem Text auf hellem Hintergrund ist eine andere als helle Schrift auf dunklem Hintergrund. Helle Farben strahlen, dunkle absorbieren. Bei negativ (vor allem klein) gesetztem Text wirken die dunklen Innenräume optisch kleiner. Damit sie nicht ganz ineinanderlaufen, hilft Abstand. Sie können das als Faustformel anwenden: Bei negativer Schrift (auch auf dunkleren Farben) generell immer etwas die Laufweite erweitern. Auch bei
141 Druck auf sehr saugfähigem Papier, mit dem Tintenstrahldrucker
64 oder bei Schriften, die auf einem Bildschirm wiedergegeben
werden, laufen durch den Druck bzw. das Pixelraster Innenräume ebenfalls zu und benötigen daher mehr Abstand.

Das Stichwort bei all diesen Korrekturen hier ist *minimal*. Korrekturen bei der Laufweite und manuelle Ausgleiche im Kerning sollen zwar gemacht werden, grundsätzlich soll aber nicht willkürlich und all zu extrem korrigiert werden. Keinesfalls etwa darf die Laufweite verändert werden, nur um etwas Platz zu sparen, damit ein Wort gerade noch in die Zeile passt oder, um den überflüssigen Weißraum in einer Zeile zu füllen.

a Pensum Regular
b Pensum Display Regular

↓

EXKURS: METRISCHES UND OPTISCHES KERNING

Bevor Sie die Laufweite anpassen, sollten Sie das Kerning richtig einstellen. Eigentlich ist das Kerning die Aufgabe der, des Schriftgestaltenden, aber um wirklich die vordefinierten Kerningpaare zu verwenden, müssen Sie in Programmen der Adobe Creative Cloud beim Kerning die Option ›Metrisch‹ oder ›Automatisch‹ statt ›Optisch‹ auswählen. Beim metrischen Kerning werden die Werte aus der Schriftdatei für das Kerning herangezogen, d. h. die Werte beruhen auf Erfahrung und der Beurteilung durch die Augen der Schriftgestalterin, des Schriftgestalters.

Beim optischen Kerning berechnet das Programm das Kerning selbst. Bei schlecht oder nicht zugerichteten Schriften kann das optische Kerning eventuell bessere Ergebnisse liefern, auch bei manchen älteren Schriften aus der Zeit, als noch das engere Zurichten üblich war.

Wirklich gar nicht funktioniert das optische Kerning bei Monospace-Schriften, weil dann die Dicktengleichheit verloren geht, genauso wenig bei Script-Schriften, weil Übergänge nicht mehr aufeinander abgestimmt sind.

Trotz Professionalität ist es nie ausgeschlossen, dass eine Schrift hier und dort bei manchen Zeichenkombinationen manuelle Korrekturen benötigt (auch ausgleichen genannt). Wenn aber das Kerning so schlecht ausgearbeitet ist, dass grundsätzlich kein ruhiges Lesebild entsteht, sollten Sie sich fragen, ob es vielleicht eine qualitativere Alternative gibt.

a

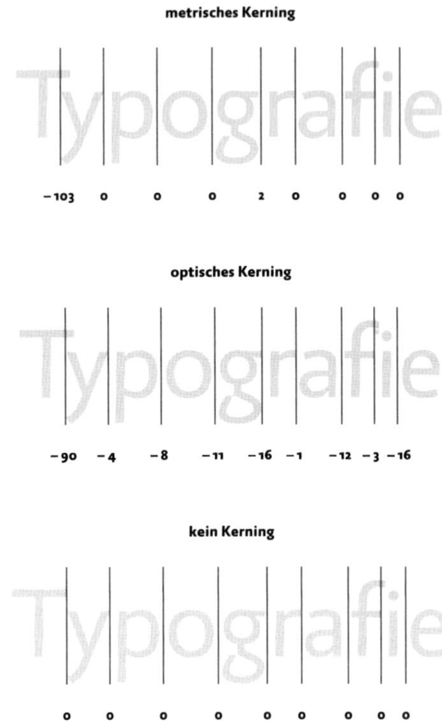

↓

EXKURS: DIE EINHEIT DER LAUFWEITE

Die Laufweite wird in den einzelnen Programmen der Creative Cloud von Adobe in 1/1000 Geviert angegeben, d. h. eine Laufweite von 100 sind 100/1000 vom Geviert in der gewählten Schriftgröße. Außerdem heißt das, dass Veränderungen der Laufweite immer relativ zur aktuellen Schriftgröße gemacht werden und eine Laufweitenerweiterung von 100 nicht in jeder Schriftgröße denselben Wert hat. Möchte man den Wert zwischen zwei Zeichen ausgleichen, wird übrigens immer der Wert der Laufweite nach dem ersten Zeichen korrigiert, weil auch der Wortabstand immer nach dem Zeichen hinzugefügt wird.

b

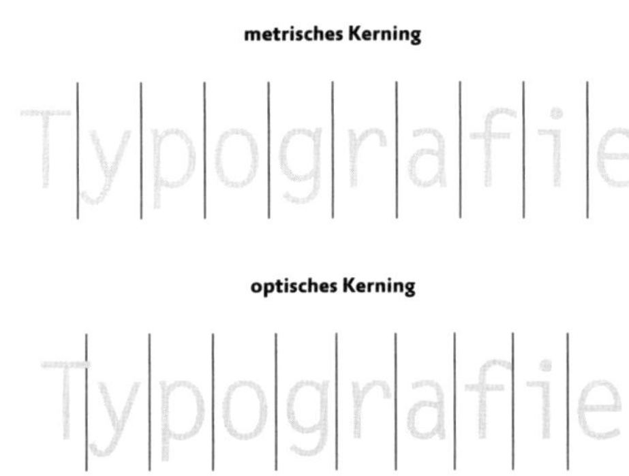

c

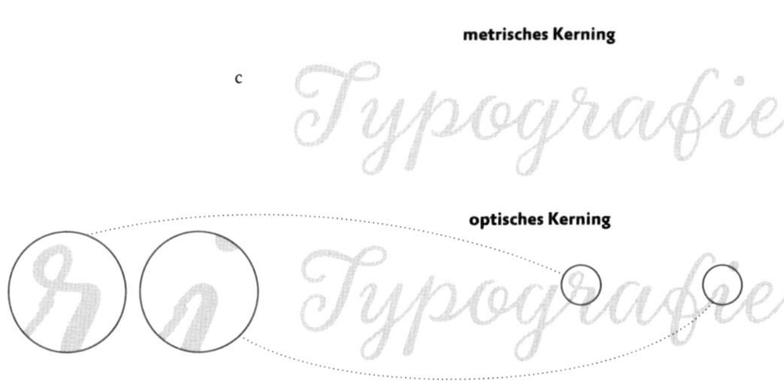

Wortabstand

Die Wörter einer Zeile sollten deutlich voneinander getrennt sein. Sie dürfen
sich nicht zu nahestehen, weil wir dann die einzelnen Wörter nicht mehr
auseinanderhalten können. Außerdem sind Wortanfänge und -enden meist
28 Fixationspunkte für unsere Augen und durch zu engen Satz fallen diese
Punkte weg. Sie dürfen jedoch auch nicht zu weit voneinander entfernt sein,
weil wir dann eventuell den horizontalen Faden verlieren und in die falsche
83 Zeile abrutschen (vor allem bei sehr langen Zeilen). Wir sind zudem langsamer beim Lesen, da wir mehr Augensprünge pro Zeile benötigen, weil wir
während einer Fixation weniger Zeichen erfassen können.

a

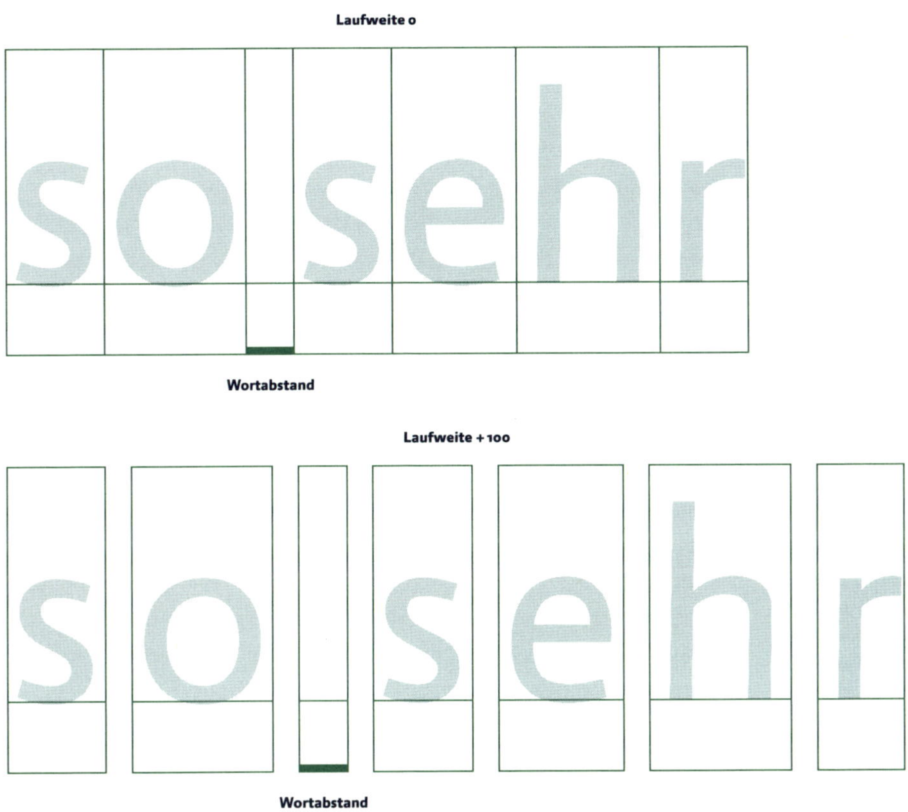

Der Wortabstand ist der Abstand zwischen den Wörtern. Wird zusätzlich zum Wortabstand die Laufweite erweitert, wird der Wortabstand um den gleichen Wert erhöht.

a NN Allegra Book
b Letter Gohtic Bold
c Gretel Script Piccolo

a

Fließtext — 9 pt

Plötzlich tauchte eine zischende Wasserschlange vor der kleinen Buchstabenfee auf. Serifee erschrak so sehr, dass sie nach hinten umfiel. Der Schreck war größer als die Angst **WAB 100 %**

Plötzlich tauchte eine zischende Wasserschlange vor der kleinen Buchstabenfee auf. Serifee erschrak so sehr, dass sie nach hinten umfiel. Der Schreck war größer als die Angst **WAB 70 %**

Plötzlich tauchte eine zischende Wasserschlange vor der kleinen Buchstabenfee auf. Serifee erschrak so sehr, dass sie nach hinten umfiel. Der Schreck war größer **WAB 200 %**

Versaltext — 9 pt, LW 25

PLÖTZLICH TAUCHTE EINE ZISCHENDE WASSERSCHLANGE VOR DER KLEINEN BUCHSTABENFEE AUF. SERIFEE ERSCHRAK SO SEHR, DASS SIE NACH HINTEN **WAB 100 %**

PLÖTZLICH TAUCHTE EINE ZISCHENDE WASSERSCHLANGE VOR DER KLEINEN BUCHSTABENFEE AUF. SERIFEE ERSCHRAK SO SEHR, DASS SIE NACH HINTEN **WAB 70 %**

PLÖTZLICH TAUCHTE EINE ZISCHENDE WASSERSCHLANGE VOR DER KLEINEN BUCHSTABENFEE AUF. SERIFEE ERSCHRAK SO SEHR, DASS SIE NACH HINTEN **WAB 200 %**

Zum Lesen müssen Wörter als einzelnes Wort erkennbar sein und eine horizontale Zeile bilden. Vertikale Gassen irritieren den Lesenden.

↯
Den Wortabstand ändern kann man in Adobe InDesign in den Optionen der Absatz-Palette unter ›Abstände‹. Hier wird dann jeweils ein Minimal-, Optimal- und Maximalwert in Prozent definiert.

Was schon für den Buchstabenabstand galt, gilt auch für den Wortabstand. Je kleiner die Buchstabeninnenräume, je kleiner sollte der Wortabstand eingestellt werden, umso größer der Innenraum, umso größer der Abstand. Auch der Wortabstand ist durch diese Abhängigkeit von den Buchstabeninnenräumen wieder von der Schrift und der Schriftgröße abhängig. Bei großen Überschriften müssen die Wortzwischenräume so gut wie immer verringert werden, damit das Schriftbild nicht auseinanderfällt und bei kleinen Konsultationstexten muss er vergrößert werden, damit das Schriftbild nicht verschwimmt. Als Faustregel soll der Wortabstand in etwa so breit wie der Innenraum des ›n‹ oder ein Viertelgeviert der Schrift sein. Somit hat man automatisch bei jeder Schriftgröße und bei verschiedenen Schriftbreiten den richtigen Wert. Zusätzlich zu dieser Faustregel gilt bei erhöhter Laufweite: Es erhöht sich zwar der Wortabstand im gleichen Maße mit der Laufweite, da der Wortabstand in Relation zum Sperrwert aber immer geringer wird, kann er trotzdem zu klein wirken und muss für eine gute Erkennbarkeit der einzelnen Worte erhöht werden. Dies gilt vor allem bei Versal- und Kapitälchensatz (siehe Abbildung oben).

84 Zudem ist der Wortabstand vom Zeilenabstand abhängig. Mehrzeilige Texte dürfen keine vertikalen Gassen bilden. Dies kann dann passieren, wenn die Löcher zwischen den einzelnen Wörtern größer als der Abstand zwischen den Zeilen sind. Als Faustregel gilt daher auch, dass der Wortabstand immer deutlicher kleiner als der visuelle Zeilenabstand sein sollte.

Zeilenlänge **auch Satzbreite oder Spaltenbreite**

Sowohl zu lange als auch zu kurze Zeilen sind für Lesende anstrengend.
Bei zu langen Zeilen ist die Gefahr groß, dass der Rückschwung von einer
in die nächste Zeile zu weit ist und es zu Schwierigkeiten beim Finden
des Zeilenanfangs kommt. Bei zu kurzen Zeilen ermüdet man durch das
unruhige Lesen viel schneller. Unruhig ist das Lesen, weil man öfters die
100 Zeile wechseln muss und zudem ständige Worttrennungen den Lesefluss
unterbrechen. Es gilt daher die Balance zu finden.

Die richtige Zeilenlänge ergibt sich einerseits durch die Anforderungen des Mediums. Schlagen wir beispielsweise etwas nach, lesen wir sehr kurz. Zu kurze Zeilen sind daher weniger störend als in einem langen Roman. Es sollte also stets die Lesezeit und die Lesemotivation mitbedacht werden.

Andererseits wird sie von der Schriftbeschaffenheit und -größe selbst
beeinflusst. Eine schmale Schrift verträgt schmale Zeilen besser, weil durch
die geringere Breite mehr Zeichen in einer Zeile Platz haben und es zu
weniger Worttrennungen kommt als bei einer breiten Schrift. Je breiter die
Schrift läuft, umso breiter wird die Zeile. Die Abstände zwischen den
28 Fixationspunkten bleiben aber immer gleich, folglich benötigen Lesende für
die gleiche Textmenge mehr Augensprünge und mehr Zeit. Ähnliches
gilt für die Schriftgröße: Eine Satzbreite, die für eine Schrift in 9 pt optimal
ist, ist wahrscheinlich für einen Satz in 12 pt zu wenig breit.

b In der Stadt war es laut und hektisch, die hupenden Autos und der Lärm **6 pt**

c In der Stadt war es laut und hektisch, die hupenden Autos und der Lärm **9 pt**

d In der Stadt war es laut und hektisch, die hupenden Autos und der Lärm **9 pt**

b In der Stadt war es laut und hektisch, die hupenden Autos und der Lärm **9 pt**

c In der Stadt war es laut und hektisch, die hupenden Autos und der Lärm **12 pt**

Die Zeilenlänge kann durch die Schriftwahl und Anwendungsgröße gesteuert werden. Je länger die Zeile, umso anstrengender wird das Lesen; umso kürzer, desto unruhiger.

Bedenken Sie auch, dass breitere, größere Schriften mehr Platz benötigen und dadurch in die gleiche Zeilenlänge weniger Zeichen untergebracht werden können. Der Inhalt bleibt jedoch gleich und kann so weniger ökonomisch eingesetzt werden. Kleinere, schmalere Schriften sind zwar platzsparender, allerdings sollte die Lesbarkeit nicht leiden.

Für den deutschen Satz wird pro Zeile ein Richtwert von 50 bis 70 Zeichen angenommen. Für andere Sprachen gelten andere Werte. Im Englischen, Spanischen oder Französischen beispielsweise ist die durchschnittliche Wortlänge kürzer, daher können auch die Zeilen kürzer sein, weil es folglich auch bei kürzeren Zeilen zu weniger Worttrennungen kommt.

a NN Allegra Book
b Aktiv Grotesk Extended Regular
c Avenir Next Condensed Regular
d Pensum Regular

Zeilenabstand

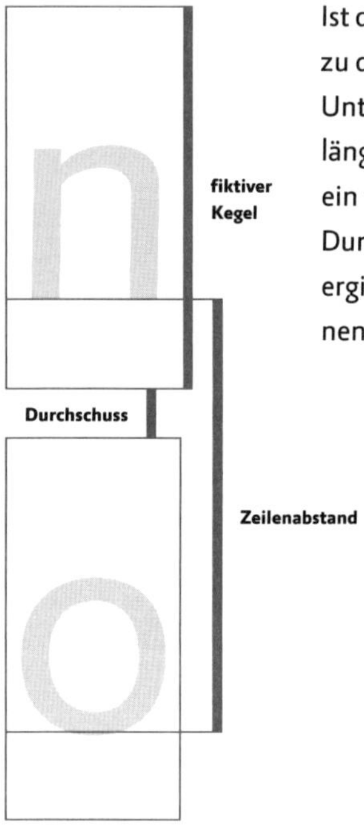

Die Schriftgröße addiert mit dem Durchschuss ergibt den Zeilenabstand.

Ist die Zeilenlänge gewählt, gilt es im nächsten Schritt den Zeilenabstand zu definieren. Der Abstand zwischen zwei Zeilen, gemessen jeweils von der Unterkante der Unterlänge der oberen Zeile und der Oberkante der Oberlänge von der unteren Zeile, ergibt den Durchschuss. Der Durchschuss ist ein wichtiges Mittel, um den Grauwert eines Textes zu verändern. Wird der Durchschuss mit der Schriftgröße, dem fiktiven Kegel der Schrift, addiert, ergibt das den Zeilenabstand. Einen Text ohne zusätzlichen Durchschuss nennt man kompress.

Der Begriff des fiktiven Schriftkegels stammt, wie so viele andere Begriffe in der Typografie, aus der Zeit des Bleisatzes. Damals wurden Buchstaben auf Schriftkegel gegossen und die Größe des Kegels nannte man Schriftgrad. Die Größe der Kegel wurde in typografischen Punkten angegeben, z.B. in 8 pt (auch Petit genannt) oder in 12 pt (Cicero).

Dass der Begriff Schriftkegel bei digitalen Schriften analog verwendet wird, liegt daran, dass sich zwar das Material, nicht aber die Grundlage für die Schriftgestaltung verändert hat. Weil man früher vermeiden wollte, dass sich Ober- und Unterlänge von zwei Zeilen berühren, wurde nicht der gesamte Schriftkegel genutzt und die Buchstaben immer etwas kleiner gegossen. Wie viel kleiner war aber nicht festgelegt. Hinzu kommt, dass es innerhalb der festgelegten Kegelgrade immer eine Variationsbreite für die horizontalen Schriftproportionen gibt. Diese Proportionen tragen wesentlich zur optischen Größe bei: Je länger die Ober- und Unterlängen sind, umso mehr muss das Schriftbild der Mittellängen verkleinert werden, damit es auf der selben Kegelgröße platziert werden kann. Folglich wirkte der Schriftgrad 8 pt und damit verbunden der Zeilenabstand nicht in jeder Schrift gleich groß.

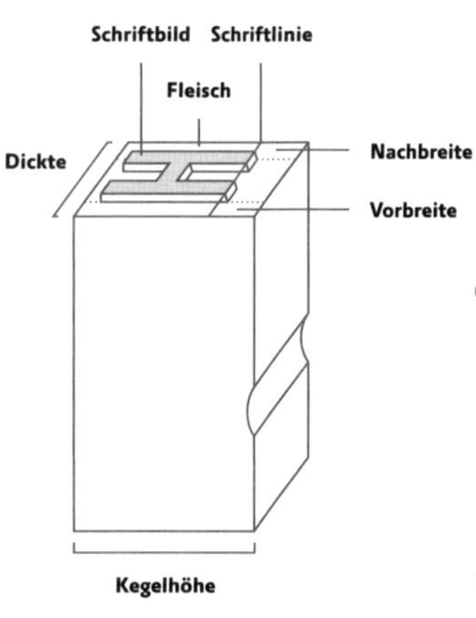

Die Elemente eines Schriftkegels.

Im digitalen Schriftsatz gibt es natürlich keine festgelegten
66 Schriftgrade mehr (jedoch gestaltete Designgrößen) – es gibt nur eine stufenlose Skalierung der Schriftkontur. Digitale Schriften werden aber ebenso auf virtuellen Schriftkegeln angelegt und das Verhältnis dieses fiktiven Kegels und der Höhe des Schriftbilds ist dabei genauso ungeregelt wie im Bleisatz. Im Unterschied zum Bleisatz sprechen wir bei digitalen Schriften von Schriftgrößen und nicht von Schriftgraden.

b

Hxkp — Weißraum

Sie tauchte auf, schüttelte die nas-
sen Flügel und erhob sich in die
Luft. Sie flog höher und höher – die
Erde würde sie vorerst nicht mehr

11 pt, ZAB 15 pt

c

Hxkp

Sie tauchte auf, schüttelte die nassen
Flügel und erhob sich in die Luft. Sie flog
höher und höher – die Erde würde sie
vorerst nicht mehr berühren. Auch an das

11 pt, ZAB 15 pt

d

Hxkp

Sie tauchte auf, schüttelte die nassen
Flügel und erhob sich in die Luft. Sie flog
höher und höher – die Erde würde sie
vorerst nicht mehr berühren. Auch an das

11 pt, ZAB 15 pt

e

Hxkp

Sie tauchte auf, schüttelte die nassen
Flügel und erhob sich in die Luft. Sie flog
höher und höher - die Erde würde sie
vorerst nicht mehr berühren. Auch an das

11 pt, ZAB 15 pt

Die Ober-, Mittel- und Unterlängen einer Schrift stehen im unmittelbaren Zusammenhang mit dem Zeilenabstand.

Wir lesen eine Zeile von links nach rechts und nicht von oben nach unten. Deshalb ist es wichtig, dass einzelne Zeilen als Zeilen erkenn- und unterscheidbar sind. Je länger die Zeile, desto größer sollte der Zeilenabstand sein, da der Weißraum zwischen den Zeilen hilft, beim Lesen vom Zeilenende an den nächsten Anfang zu finden. Die Augen müssen in der Zeile gehalten werden. Je kürzer die Zeile, umso geringer kann der Abstand sein, da auch die Augenbewegungen kürzer sind. Der Zeilenabstand sollte aber mindestens immer so groß sein, dass sich Ober- und Unterlänge nicht berühren.

Schriften mit größeren Buchstabeninnenräumen oder einer sehr verti-
61 kalen Dynamik wirken loser und heller und benötigen deshalb für eine gute Zeilenbildung einen erhöhten Zeilenabstand. Dunklere Schriften mit kleineren Innenräumen wirken dagegen kompakter und benötigen auch weniger Zeilenabstand.

23 Auch die Ausprägungen der Ober- und Unterlängen, sowie die Höhe der Mittellänge bestimmen den Durchschuss mit. Je höher die Mittellänge ist, umso weniger Weißraum entsteht zwischen Mittellänge und Versalhöhe. Deshalb wirkt derselbe Zeilenabstand bei Schriften mit hoher Mittellänge kleiner. Schriften mit hoher Mittellänge können durch die vergrößerte Schriftgrößenwirkung zwar kleiner gesetzt werden, brauchen dann jedoch einen erhöhten Zeilenabstand, damit das Auge nicht im Gleichklang der Schrift versinkt.

a NN Allegra Book
b Pensum Regular
c Adobe Caslon Regular
d Brandon Grotesque Regular
e Parka Regular

Fließtext — 9 pt, ca. 32 Zeichen

a Sie tauchte auf, schüttelte die nassen Flügel und erhob sich in die Luft. Sie flog höher und höher – die Erde würde sie vorerst nicht mehr **ZAB 11,5 pt**

Sie tauchte auf, schüttelte die nassen Flügel und erhob sich in die Luft. Sie flog höher und höher – die Erde würde sie vorerst nicht mehr **ZAB 13,5 pt**

Sie tauchte auf, schüttelte die nassen Flügel und erhob sich in die Luft. Sie flog höher und höher – die Erde würde sie vorerst nicht mehr **ZAB 14,5 pt**

Fließtext — 9 pt, ca. 101 Zeichen

Sie tauchte auf, schüttelte die nassen Flügel und erhob sich in die Luft. Sie flog höher und höher – die Erde würde sie vorerst nicht mehr berühren! Auch an das Zaubern, denn das konnte sie ja nun auch wieder, dachte sie nicht. Erst einmal war es ihr ganz und gar genug, wieder fliegen zu können. Sie ließ den See unter sich zurück und flog beschwingt über all die Orte hinweg, an denen sie nach **ZAB 11,5 pt**

Sie tauchte auf, schüttelte die nassen Flügel und erhob sich in die Luft. Sie flog höher und höher – die Erde würde sie vorerst nicht mehr berühren! Auch an das Zaubern, denn das konnte sie ja nun auch wieder, dachte sie nicht. Erst einmal war es ihr ganz und gar genug, wieder fliegen zu können. Sie ließ den See unter sich zurück und flog beschwingt über all die Orte hinweg, an denen sie nach **ZAB 13,5 pt**

Sie tauchte auf, schüttelte die nassen Flügel und erhob sich in die Luft. Sie flog höher und höher – die Erde würde sie vorerst nicht mehr berühren! Auch an das Zaubern, denn das konnte sie ja nun auch wieder, dachte sie nicht. Erst einmal war es ihr ganz und gar genug, wieder fliegen zu können. Sie ließ den See unter sich zurück und flog beschwingt über all die Orte hinweg, an denen sie nach **ZAB 14,5 pt**

Fließtext — 9 pt, ca. 66 Zeichen

Sie tauchte auf, schüttelte die nassen Flügel und erhob sich in die Luft. Sie flog höher und höher – die Erde würde sie vorerst nicht mehr berühren! Auch an das Zaubern, denn das konnte sie ja nun auch wieder, dachte sie nicht. Erst einmal war es ihr ganz **ZAB 11,5 pt**

Sie tauchte auf, schüttelte die nassen Flügel und erhob sich in die Luft. Sie flog höher und höher – die Erde würde sie vorerst nicht mehr berühren! Auch an das Zaubern, denn das konnte sie ja nun auch wieder, dachte sie nicht. Erst einmal war es ihr ganz **ZAB 13,5 pt**

Sie tauchte auf, schüttelte die nassen Flügel und erhob sich in die Luft. Sie flog höher und höher – die Erde würde sie vorerst nicht mehr berühren! Auch an das Zaubern, denn das konnte sie ja nun auch wieder, dachte sie nicht. Erst einmal war es ihr ganz **ZAB 14,5 pt**

Unterschiedliche Zeilenlängen benötigen ebenfalls andere Zeilenabstände. Je kürzer eine Zeile, umso kleiner kann der Zeilenabstand sein. Je länger die Zeile, umso größer sollte der Zeilenabstand sein.

Bildschirme sind eine besondere Herausforderung für die Festlegung des optimalen Zeilenabstands. Developerinnen, Developer wissen beim Programmieren ja nicht, mit welchem Gerät und welchen technischen Gegebenheiten Userinnen und User die Website, die App etc. betrachten. Sie versuchen daher mit responsive Stylesheets die verschiedenen Geräte abzudecken. Zusätzlich zu den vielen Bildschirmgrößen kommt noch hinzu, dass Userinnen und User die Darstellung wahlweise im Portrait- oder im Landscapeformat ansehen können (oder unterschiedlich breite Browserfenster aufziehen können): Je nachdem verändern sich die Zeilenlängen. Für Ihre Gestaltung bedeutet das, dass Sie damit verbunden auch den Zeilenabstand ändern bzw. fest definieren sollten.

Diese wechselseitige Beziehung von *Schrift, Schriftgröße* und den *umgebenden Weißräumen* auszuloten – genau darum geht es in der Mikrotypografie.

↓
TIPP

Die Wirkung von Zeilenlänge und Zeilenabstand sind in weiterer Folge von der Satzart (Block- oder Flattersatz) abhängig. Mehr Informationen dazu gibt es ab Seite 126 im Teil ›Die Elemente der Makrotypografie‹.

Wahrscheinlich haben Sie es gerade beim Lesen selbst schon bemerkt, *Schrift*, *Schriftgröße*, *Buchstaben-*, *Wort-*, *Zeilenabstand* und *Zeilenlänge* – all diese Faktoren stehen in unmittelbarer Abhängigkeit zueinander. Ändert sich ein Faktor, müssen auch bereits festgelegte Werte noch einmal überprüft und angepasst werden. Das liegt – wie erklärt – daran, dass Schriften in derselben Schriftgröße nicht exakt gleich groß sind bzw. auch nicht gleich groß wirken. Es gibt deshalb keine Tabelle oder Maßangaben, die helfen, Weißräume optimal zu bestimmen. Ein Detail kann in der Typografie nie nur für sich betrachtet werden, erst durch das Zusammenspiel aller Faktoren ergibt sich das Satzbild und eine Bewertungsgrundlage für die Lesbarkeit. Sinnvoll ist es daher, vor Beginn umfangreicher Satzarbeiten etliche Parameter durchzuspielen – und das Auge am Ausdruck 1 : 1 (nicht am Bildschirm!) entscheiden zu lassen.

a NN Allegra Book

↓

TIPP

Vertrauen Sie beim Setzen nicht blind auf die Tastatur! Nicht alle Programme setzen Apostrophe, Anführungszeichen etc. automatisch richtig. Die richtigen Glyphen setzen Sie auf jeden Fall mit Shortcuts. Einen Überblick der wichtigsten finden Sie auf Seite 154.

Neben dem erfreulichen Schriftbild begünstigen auch sprachliche Strukturen das problemlose Textverständnis. Die Orthografie beschreibt Regeln für die korrekte Schreibweise. Die Vorteile einer solchen Rechtschreibung sind allgemein nachvollziehbar. Es soll aber nicht nur fehlerfrei geschrieben, sondern auch fehlerlos gesetzt werden. Wer einen guten, gleichmäßigen Satz machen möchte (zur Erinnerung: auch hier steht der ruhige Grauwert im Vordergrund), sollte sich mit der typografischen Rechtschreibung, der *Orthotypografie* befassen. Die Trennung zwischen der typografischen, sprachlichen sowie grammatikalischen Rechtschreibung ist ohnehin nicht so scharf zu ziehen, weil viele Regeln beide betrifft.

Striche und Punkte

a, b Sie *ließ* den See unter sich *zurück!*

a, c Sie **ließ** den See unter sich **zurück!**

Sie **ließ** den See unter sich **zurück**!

Egal ob man Satzzeichen hervorhebt oder nicht, sie dürfen nie am letzten Buchstaben kleben.

Satzzeichen

Satzzeichen (Punkt, Komma, Frage- und Ausrufezeichen, Doppelpunkte, Klammern etc.) schaffen Sinnabschnitte und Satzteile, die uns helfen, Aussagen zu verstehen. Deshalb müssen sie auf jeden Fall deutlich erkennbar sein und dürfen nicht am letzten Buchstaben eines Wortes kleben. Gleiches gilt für hochgestellte Ziffern (Exponenten) oder Sternchen (Asterisken).

Punkte sind als Schlusspunkte für das Satzende zugerichtet. Werden Punkte als Abkürzungspunkt verwendet, stimmen die Abstände danach nicht mehr. Sie müssen verkleinert werden.

Das Ausrufe- und das Fragezeichen werden immer ohne Leerzeichen gesetzt und direkt an das letzte Wort angehängt.

Bei Hervorhebungen werden Satzzeichen mit hervorgehoben. Manche Gestalterinnen und Gestalter bevorzugen es jedoch, die Satzzeichen als Teil des Satzes zu sehen und spationieren diese anstatt sie hervorzuheben.

↯

Ellipse:
›ALT + . ‹ (macOS)
›ALT + 0133‹ (Windows)

a

... **drei Schlusspunkte**

… **Ellipse**

Die Ellipse ist ein eigenes Zeichen und wird nicht mit drei Schlusspunkten gesetzt.

Ellipse

Die drei Punkte (…) sind keine drei aneinandergereihten Schlusspunkte, sondern ein einziges Zeichen, das Ellipse genannt wird. Der wichtige Unterschied liegt in der Spationierung und in der Tatsache, dass der Dreipunkt im Blocksatz weder ausgetrieben noch getrennt werden darf.

Die Ellipse steht für eine Auslassung, deshalb wird sie auch wie ein Wort zwischen zwei Leerzeichen gesetzt. Steht sie für einen Wortteil, wird sie, wie der ausgelassene Wortteil, direkt am Wort angehängt. Steht die Ellipse am Ende eines Satzes kann der Schlusspunkt wegfallen. Satzzeichen wie Klammern, Frage-, Ausrufe- oder Anführungszeichen werden auch nach einer Ellipse ohne Abstand gesetzt. In diesen Fällen sollten Sie darauf achten, dass die Satzzeichen nicht an den Punkten kleben.

ϟ
Wortzwischenraum (WZR):
›Leertaste‹

geschützter WZR (GWZR):
›CMD + ALT + X‹ (macOS)
›STRG + ALT + X‹ (Windows)

Schrägstrich

Der Schrägstrich wird bei Verbindungen, Abtrennungen und Abkürzungen grundsätzlich ohne Abstand gesetzt. In manchen Situationen führt dies aber zu unsinnigen Trennungen, deshalb sollte hier abgewogen werden, was sinnvoller erscheint. Bei einem Zeilenwechsel bleibt der Schrägstrich immer in der oberen Zeile.

a Sie ließ den See (weit) unter sich zurück.

Sie ließ den See* weit unter sich zurück.

Ließ sie den See[1] weit unter sich zurück?

Sie ließ alles zurück: den See, die Vögel, usw.

Satzzeichen und hochgestellte Zeichen werden ohne Abstand gesetzt, müssen aber deutlich vom letzten Buchstaben getrennt sein.

zu weit	**verringert**
Dr. Antonia Müller	Dr. Antonia Müller
St. Gallen z. B. d. h.	St. Gallen z. B. d. h.
seit ca. zwei Minuten	seit ca. zwei Minuten
3. 2. 2019 3. Februar 2019	3. 2. 2019 3. Februar 2019
3. Feb. 2019	3. Feb. 2019

Ein WZR nach Abkürzungspunkten ist oft zu groß und muss durch einen verringerten GWZR ersetzt werden, damit das Satzbild nicht zu sehr zerreißt und die Abkürzungen nicht getrennt werden.

Sie ließ den See weit unter sich zurück …

Sie ließ den See weit unter sich zu…

Ließ sie den See weit unter sich zurück …?

Sie ließ den See weit unter sich zurück (…).

Die Ellipse wird, wie das Wort bzw. der Satzteil, für den sie steht, gesetzt.

Zürich/Wien/Berlin **Verbindung**

Nussbaum, Anna / Müller, Anton
Nussbaum, Anna/Müller, Anton **unsinnige Verbindung**

5 Blumen/Jahr **Abkürzung ›pro‹**

Sonn-/Feiertag **Abkürzung ›und‹**

12/100 Punkten **Abkürzung ›von‹**

www.typografie.de/buch/typografie/
detailtypografie **Pfad**

Der Schrägstrich wird ohne WZR gesetzt. Allerdings nur, wenn das Sinn macht und keine fälschlichen Verbindungen oder Trennungen entstehen.

a NN Allegra Book
b NN Allegra Book Italic
c NN Allegra Bold

↯
Bindestrich:
Strich-Taste auf der Tastatur unten rechts

Gedankenstrich:
›ALT + - ‹ (macOS)
›STRG + - ‹ (Windows)

Binde- und Gedankenstrich

Sehr oft werden die horizontalen Striche verwechselt. Es gibt einen kurzen Strich (-), der Binde-, Trennungsstrich, Divis oder Koppelungsstrich genannt wird, und einen langen Halbgeviertstrich (–). Je nach Anwendung wird er als Gedanken-, Strecken-, Bis-, Auslassungs- oder Minusstrich verwendet.

Das Divis wird ohne Abstand gesetzt, außer es dient als Ergänzungsstrich. Wird der lange Strich als Gedankenstrich, also als Denkpause oder als Abgrenzung von Einschüben verwendet, wird er zwischen zwei Leerzeichen gesetzt – außer es folgt ein Satzzeichen, dann wird kein Abstand gesetzt. Wird er als Strecken-, Bis-, Auslassungs- oder Minusstrich verwendet, wird er ohne Leerzeichen gesetzt. Der Strich darf auf keinen Fall an andere Zeichen stoßen, sollte dies der Fall sein, muss dies ausgeglichen werden. Kommt es zur Trennung durch die Spaltenbreite, bleibt der Strich (Divis und Geviertstrich), wie der Schrägstrich, *immer* in der oberen Zeile.

a

Der Trubel wurde ihr irgend- **Trennstrich**
wann zuviel und brachte ihr
Kopf- und Bauchweh. **Ergänzungsstrich**

Typografie-Ausbildung **Bindestrich**

26-Jährige **Bindestrich**

30 000-km-Grenze **Bindestrich**

DIN-A4-Format **Bindestrich**

4- bis 6-mal **Ergänzungsstrich**

Der kurze Strich wird als Trenn-, Ergänzungs- und Bindestrich verwendet.

Sehnsüchtig danach – **Gedankenstrich**
wieder fliegen zu können –, **Gedankenstrich**
sah sie einem Vogel nach.

€ 10,– **Auslassungsstrich**

–10 % **Minusstrich**

4–6 Mal 2017–2019 6.20–9.20 Uhr **Bis-Strich**

Österreich – Deutschland **Streckenstrich**

Zürich-Kloten – Wien-Schwechat **Streckenstrich**

Der lange Strich als Gedankenstrich wird mit einem WZR gesetzt. Als Bis-, Auslassungs-, Minus- oder Streckenstrich wird er ohne Abstand gesetzt.

↯
Doppelte Guillemets:
»
›ALT + SHIFT + Q‹ (macOS)
›ALT + 0187‹ (Windows)
«
›ALT + Q‹ (macOS)
›ALT + 0171‹ (Windows)

Anführungszeichen

Die deutsche Rechtschreibung verlangt zur Kennzeichnung der direkten Rede Anführungszeichen. Es gibt einfache (‚‘) und doppelte („“) deutsche Anführungszeichen sowie einfache (›‹) und doppelte (»«) französische Guillemets. Ob man die deutschen oder französischen verwendet, ist für die Orthografie egal. Die Guillemets fügen sich in Fließtexten besser in das Schriftbild ein, da sie weniger Weißraum erzeugen. Sie sind ruhiger

a „Guten Tag“ (DE, AT)

»Guten Tag« (DE, AT)

«Grüezi» (CH)

« Bonjour » (FR)

«Buenos días» (ES)

“Hello” (UK, USA)

”Hej” (SWE)

»Hej» (SWE)

Jede Sprache hat ihre eigene Konvention.

und deswegen für den Mengensatz zu empfehlen. Außerdem können sie auch nicht mit Satzzeichen, wie etwa dem Komma, verwechselt werden. Grundsätzlich wird zunächst die doppelte Anführung gesetzt. Wenn innerhalb der Anführung eine weitere Anführung nötig ist, wird diese in einfachen Anführungszeichen gesetzt. Danach muss aber auch die doppelte Anführung wieder geschlossen werden.

Das Allerwichtigste ist aber die korrekte Verwendung, die von Land zu Land und Sprache zu Sprache variiert. Diese beinhaltet die korrekte Anordnung („“) (99 unten, 66 oben), die korrekten Abstände und die korrekte Zeichenverwendung. Nicht als Anführungszeichen verwendet werden dürfen das Größer- und Kleiner-Zeichen (>)(<), das einfache oder doppelte Kodierungszeichen (')(") oder die Akzentstriche (´)(`). Übrigens: In Deutschland und Österreich werden die Guillemets mit der Spitze nach »innen«, in der Schweiz mit der Spitze nach «außen» gesetzt.

Apostroph

Apostroph:
›ALT + SHIFT + #‹ (macOS)
›ALT + 0146‹ (Windows)

Ein weiterer wichtiger Strich ist der Apostroph. Er dient als Auslassungszeichen, die Abstände werden daher so gehandhabt als wären die ausgelassenen Zeichen noch da.

Apostrophe stehen immer oben und haben die Form einer 9 (’). Sie sind niemals eine 6 (‘), das einfache Kodierungszeichen (') oder ein Akzent (`)(´). Auch bei Serifenlosen Schriften, bei denen der Apostroph (und auch die Anführungszeichen) meist nur als ein Strich erscheint, kann man beim genaueren Hinsehen eine 9 erkennen. (Und schlechte Schriften erkennt man daran, dass keine eigenen Glyphen dafür vorhanden sind.)

a Antonias Buch

Andreas’ Buch

Andrea’s Buchladen

Das ›Genitiv-s‹ wird nach Eigennamen an den Namen angehängt. Enden diese auf -s, -ß, -x, -z wird statt dem angehängten ›s‹ ein Apostroph gesetzt. Nach neuer Rechtschreibung darf man ihn auch ›zur Verdeutlichung der Grundform des Eigennamens‹ verwenden (z. B. in Logos bei Firmennamen).

Wie man’s nimmt.
Wie man es nimmt.

Lass’ dich verführen!
Lasse dich verführen!

Rock ’n’ Roll
Rock and Roll

Der Apostroph als Auslassungszeichen steht typografisch wie die ausgelassenen Zeichen, die er ersetzt.

Ausstellung ’19
Ausstellung 2019

’s Ländle
das Ländle

It’s the end.
It is the end.

a NN Allegra Book

Sonstige Sonderzeichen

Das Et-Zeichen (&) darf laut Duden nur in Firmennamen und nicht in Fließtexten benutzt werden. Es wird, wie das Wort ›und‹, mit einem Leerzeichen davor und danach gesetzt. Bei Trennungen steht es in der neuen Zeile.

Das Gradzeichen (°) ist ein spezielles Zeichen und kein hochgestelltes ›O‹ oder eine hochgestellte ›0‹ (Null). Bei Winkelgraden oder bei Temperaturangaben ohne Einheit steht es direkt an der Zahl. Bei Temperaturen mit Einheiten steht es bei der Einheit und ist von der Zahl durch einen halben GWZR getrennt. Das Gradzeichen steht immer in Verbindung mit einer Zahl und nicht als Ersatz für das Wort Grad.

↯ **Mit einem ›halben GWZR‹ ist gemeint, dass der Wert des normalen geschützten Leerzeichens verringert werden sollte. Entweder Sie lösen das über eine negative Laufweite oder über verkleinerte Geviert-Werte (siehe Seite 105).**

Währungseinheiten (€)($)(£) können mit einem halben GWZR vor oder hinter der Zahl und nur in Verbindung mit einer Zahl gesetzt werden. Wird die Einheit ausgeschrieben, steht sie hinter der Zahl mit einem WZR.

Das Paragraphenzeichen (§) steht immer mit einem halben GWZR vor der Zahl und wird ebenfalls nur in Verbindung mit der Zahl gesetzt.

Das Prozent- und das Promillezeichen (%)(‰) kommen immer nur in Verbindung mit Zahlen vor und werden mit einem halben GWZR Abstand zur Zahl gesetzt. Bei manchen Schriften sind diese Zeichen aber schon so weit zugerichtet, dass kein Leerzeichen gesetzt werden muss.

Maß- oder Gewichtseinheiten werden nach dem Wert, nur in Verbindung mit einer Zahl und mit einem halben GWZR gesetzt. Wird die Einheit abgekürzt, schreibt man auch die Zahl nicht aus.

a

Anton und Serifee lachten.

Anton & Serifee's Buchladen

Das Et-Zeichen wird nur bei Firmennamen verwendet. Im Text bleibt das ›und‹ ausgeschrieben.

€ 10,00   10,00 €

EUR 10,00   10,00 EUR

10,00 Euro

Die Währungseinheit kann vor oder nach dem Wert stehen. Ist die Einheit ausgeschrieben, steht sie nach dem Wert.

10°   360°

10 °C   50 °F

20-°C-Wasser

Das Gradzeichen steht grundsätzlich beim Wert, außer bei Temperaturen mit Einheit.

§ 783 a

Das Paragraphenzeichen steht mit einem halben GWZR Abstand immer vor der Zahl. Zusätze werden mit einem halben GWZR von der Zahl getrennt.

100 %

1000 ‰

Das Prozent- und das Promillezeichen werden mit einem halben GWZR nach dem Wert gesetzt.

100 kg   10 l   1 m

10 Kilometer

zehn Kilometer

Einheiten werden immer nach dem Wert mit einem halben GWZR gesetzt. Wird die Einheit ausgeschrieben, kann die Zahl ebenfalls ausgeschrieben werden.

Ziffern

a

Aa 0123456789

proportionale Minuskelziffern

Aa 0123456789

proportionale Majuskelziffern

Aa 0123456789

tabellarische Minuskelziffern

Aa 0123456789

tabellarische Majuskelziffern

Aa 0123456789

Kapitälchenziffern

Aa 0123456789 0123456789

Indexziffern und Exponenten

Die verschiedenen Ziffernarten einer Schrift. Durch die unterschiedlichen horizontalen Proportionen ändern sich die Strichstärke und die Formen.

Es gibt unterschiedliche Ziffern für unterschiedliche Zwecke: *Versalziffern* fallen, wie versal gesetzter Text, stärker auf und wirken als Auszeichnung. Sie eignen sich daher für sehr kurze Lesetexte oder für die tabellarische Anwendung. *Minuskelziffern* gliedern sich durch ihre Ober- und Unterlängen ruhiger in den Lesetext ein. Allerdings auch nur beschränkt. Die neueren Hirnforschungen weisen darauf hin, dass alle Versuche, Ziffern möglichst gut ins Schriftbild zu integrieren, am Ende nicht optimal funktionieren. Zahlen werden im Gehirn an einer anderen Stelle als Worte verarbeitet und

a NN Allegra Book

729

4 317

1 362 901

Zahlen mit mehr als drei Ziffern werden von rechts in Dreiergruppen gegliedert.

April 2017

55116 Mainz

6850 Dornbirn

Jahreszahlen und Postleitzahlen werden nicht gegliedert.

13,67

2 345,90

Dezimalstellen werden mit einem Komma getrennt.

13.056,94 € (DE, AT)

13 056,94 € (CH)

13,056.94 € (UK, USA)

Geldbeträge können in Österreich und Deutschland ab vier Stellen mit einem Punkt unterteilt werden. Im Englischen werden Tausender- und Dezimalstellen genau andersrum getrennt.

›stören‹ so immer noch den Lesefluss. Es ist folglich empfehlenswert, die Zahlen eins bis zwölf in Mengentexten auszuschreiben – eventuell auch ganze Zahlen wie hundert, tausend (außer man möchte natürlich die Zahl explizit hervorheben). Nicht alle Schriften haben aber beide Ziffern (vor allem Serifenlose haben sie häufig nicht), deshalb muss oft auf die Versalvariante zurückgegriffen werden. Noch viel seltener sind *Kapitälchenziffern*. Sind sie vorhanden, sollte man sie im Kapitälchen-Satz auf jeden Fall verwenden. Wenn nicht, kann man sich mit Minuskelziffern behelfen.

Versal- und Minuskelziffern können jeweils *proportional* und *als Tabellenziffern zugerichtet* sein. Bei Tabellenziffern stehen durch ihre einheitliche Breite von einem Halbgeviert alle Ziffern exakt untereinander. Im Mengentext sollten diese tabellarischen Ziffern auf keinen Fall verwendet werden, da sie durch den vergrößerten Weißraum zu sehr auffallen.

Für tiefgestellte und hochgestellte Ziffern im Fließtext gibt es *Indexziffern* und *Exponenten*. Diese passen besser ins Schriftbild als eigenhändig, digital bearbeitete Ziffern, da sie kräftiger gezeichnet sind und auch gleich die richtige Stellung haben. Viele Schriften haben zudem eigene *Bruchziffern*, die sich durch Platzierung und Kerning oft nur sehr minimal von den hoch- und tiefgestellten Ziffern unterscheiden.

Das Setzen von Zahlen ist sehr umfangreich und komplex, hier deshalb nur die am häufigsten genutzten Anwendungen:

⟶ **Zahlen allgemein** Zahlen mit mehr als vier Stellen sollen zur besseren Übersicht in Dreiergruppen von rechts gegliedert werden. Zwischen die einzelnen Zahlen wird ein halbes Leerzeichen gesetzt. Ansonsten steht dazwischen nichts – *kein Apostroph, kein Komma, kein Punkt*. Nicht gegliedert werden Jahres- und Postleitzahlen. In der deutschen Sprache werden Dezimalstellen mit einem Komma getrennt. Der Punkt dagegen wird in Österreich und Deutschland zur besseren Übersicht ab vierstelligen Geldbeträgen für die Trennung verwendet. In der Schweiz wird auch hier nur mit einem halben Leerzeichen getrennt.

⟶ **Uhrzeit** Nach DIN 5008 werden Uhrzeiten zweistellig gesetzt und mit dem Doppelpunkt getrennt, der Duden erlaubt aber auch einen einfachen Punkt. Das macht besonders dann Sinn, wenn die Uhrzeit kurz nach einem anderen Doppelpunkt steht. Es gibt auch – sofern die Schrift die nötigen Zeichen hat – die Möglichkeit des Hochstellens. Steht die Stundenzahl alleine, wird die ›0‹ vor der Zahl weggelassen.

⟶ **Datum** Bei der alphanumerischen Schreibweise des Datums wird die ›0‹ vor einstelligen Daten weggelassen. Sinnvoll dagegen ist sie im Tabellensatz. Nach dem Punkt des Tags und nach dem Punkt im Falle eines abgekürzten Monats wird ein halbes Leerzeichen gesetzt. Ebenso werden

a 09:06 Uhr

09.06 Uhr

Beginn: 19:06 Uhr

Beginn: 19.06 Uhr

19^{06} Uhr

von 9 bis 11 Uhr

Die Möglichkeiten zum richtigen Satz von Zeitangaben.

bei der numerischen Schreibweise nach den Punkten immer ein halber GWRZ gesetzt. Die Jahreszahl sollte vierstellig gesetzt werden, damit sie eindeutig bleibt. Wird die Jahreszahl auf zwei Stellen gekürzt, ist es besser wenn auch Tag- und Monatsangaben zweistellig sind. Bei der Datumsangabe nach der DIN-Norm werden Bindestriche ohne WZR verwendet.

⟶ **Telefonnummern** Nach DIN 5008 wird bei Telefonnummern die Vorwahl mit einem Leerzeichen und die Durchwahl mit einem Bindestrich gegliedert – die Nummer selbst bleibt ungegliedert. Wenn Nummern jedoch aus mehr als vier Ziffern bestehen, leidet die Lesbarkeit, weil unser Gehirn in Gruppen unterteilte Ziffern besser erfassen kann. Traditionell werden in der Typografie daher Telefonnummern in Zweiergruppen von rechts unterteilt. Vorwahlen können dann mit Leerzeichen, Schrägstrich, Punkt, Geviertstrich, Klammern oder einem geraden Strich getrennt stehen. Im deutschsprachigen Raum ist es bei der internationalen Schreibweise üblich, die Verkehrsausscheidungsziffer ›0‹ in Klammer vor der Vorwahl anzuführen. Beim manuellen Wählen lassen wir diese Null dann weg. Im Web ist diese Null in Klammern aber unsinnig, weil Anwendungen, die automatisch Rufnummern interpretieren, dann eine Null zusätzlich erkennen und die Nummer so nicht mehr funktioniert. Die Empfehlung lautet daher, sie hier wegzulassen.

⟶ **IBAN** Die International Bank Account Number wird von links nach rechts in fünf Vierergruppen unterteilt. In Deutschland bleibt eine Zweiergruppe übrig, in der Schweiz folgt eine einzelne Ziffer – je nachdem, wie viele Ziffern die IBANs eines Landes haben.

⟶ **Inhaltsverzeichnis** Bei wissenschaftlichen Gliederungen werden die Nummern der Überschriftenhierarchie nach der letzten Ziffer immer ohne Punkt gesetzt.

9. Mai 2019	**alphanumerisch**
7. Nov. 2019	**alphanumerisch gekürzt**
09. 05. 2019	**Tabellensatz**
9. 5. 2019	**numerisch**
09. 05. 19	**numerisch gekürzt**
2019-05-09	**DIN**

Die Möglichkeiten zum richtigen Satz des Datums.

+43 664 234 56 70	**Handy international**
0664 234 56 70	**Handy national**
+43 550 234 56-01	**Festnetz international**
05550 234 56-01	**Festnetz national**
05550 2345-01	**Festnetz national nach DIN**

Der optimal lesbare Satz von Telefonnummern.

DE12 3456 0000 7890 1234 20

Der richtige Satz der IBAN.

1	Titel
1.2	Untertitel
1.2.1	Detail 1
1.2.2	Detail 2

Der Satz von wissenschaftlicher Gliederung.

a NN Allegra Book

Ligaturen

a

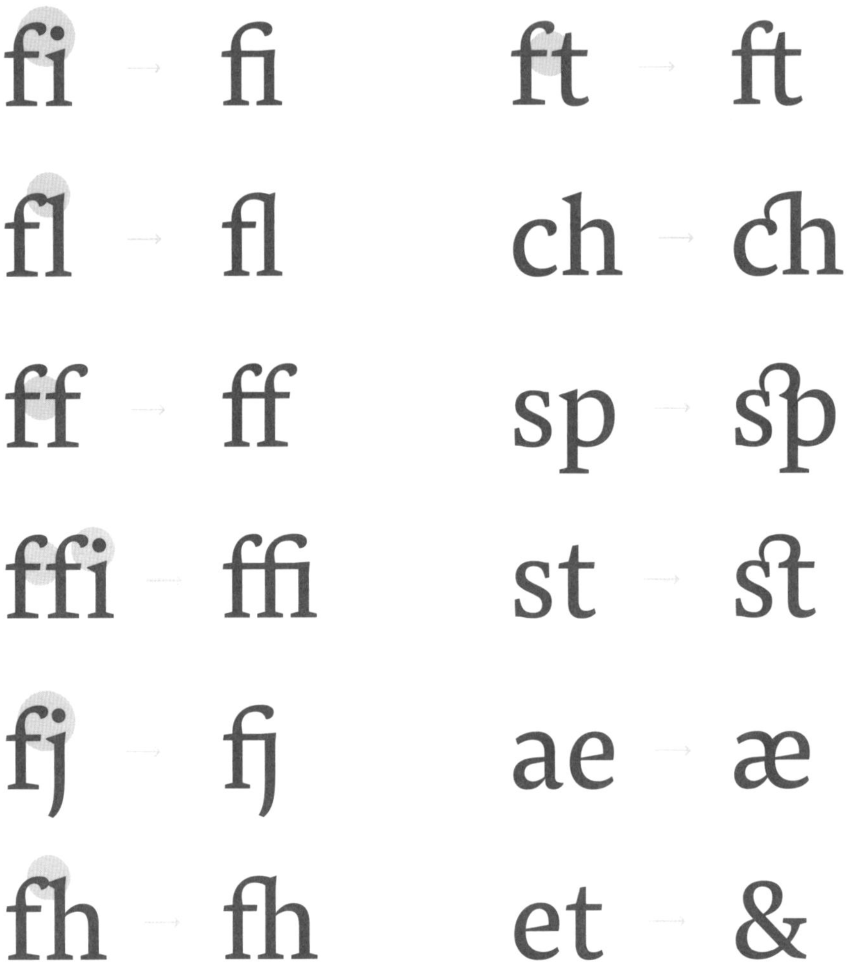

Mögliche Ligaturen innerhalb einer Schrift.

Ligaturen sind Buchstabenverbindungen, bei der aus zwei oder drei miteinander verbundenen Buchstaben ein Zeichen entsteht. Ligaturen institutionalisieren die Überschneidung und die Kombination von zwei sich berührenden Zeichen und gleichen so den Weißraum im Wort wieder aus. In der deutschen Sprache sind ›fi‹ und ›fl‹ Standard-Ligaturen, erweiterte Standard-Ligaturen sind ›ff‹, ›ffi‹ und ›ffl‹. Neben diesen funktionellen Ligaturen gibt es auch Ligaturen, die einen rein ästhetischen Zweck haben, weil sich diese Buchstaben eigentlich ohnehin nicht berühren. Solche wären etwa ›ch‹, ›ck‹, ›st‹ oder ›sp‹.

Um Ligaturen zu kontrollieren, verwenden Sie entweder die ›Suchen/Ersetzen‹-Funktion oder Sie aktivieren über ›Voreinstellungen – Satz‹ die ›Ersetzten Glyphen‹, dann werden alle alternativen Glyphen (und eben Ligaturen) farblich hinterlegt hervorgehoben.

Typografisch gesehen sind auch die Diphthonge (Doppelvokale) ›æ‹, ›œ‹ oder das Et-Zeichen ›&‹ Ligaturen. Vor allem letzteres ist mittlerweile so standardisiert, dass es nur noch als eigenes Sonderzeichen gesehen wird.

Ligaturen sollen nicht generell verwendet werden, weil sie durch das Verbinden der Buchstaben diesen Wortteil zu sehr betonen. Nicht gesetzt werden sie darum bei *Wortfugen* (Silbengrenze), *Beugungsendungen* mit ›*-te*‹ oder ›*-ten*‹, bei *Endsilben wie* ›*-lich*‹, ›*-lisch*‹, ›*-los*‹ oder ›*-lein*‹ und beim *gesperrtem Satz*. Beim Setzen sollten Sie darauf achten, dass trotz nicht verwendeter Ligatur sich die Buchstaben nicht berühren und das Kerning leicht angepasst wird.

		Wortfugen	Beugungsendungen	Endsilben
b	Typografie	Auflage	schnaufte	käuflich
	Schiff	Kaufleute	kauften	beruflich
	filtern	Auffassung	klopfte	hilflos
	fliegen	Auflauf	prüften	schlaflos

Der Satz von Ligaturen bei Überschneidungen.

Bei Wortfugen, Beugungsendungen, bestimmten Endsilben werden keine Ligaturen gesetzt.

T y p o g r a f i e	pfiffig	Aufl.
S c h i f f f a h r t	Schifffahrt	Ziff.
p f i f f i g	grifffest	
f l ü s s i g	Kunstoffflasche	

Beim gesperrten Satz wird ebenfalls auf Ligaturen verzichtet, da sonst störende ›Flecken‹ entstehen.

Fehlt die Dreifachligatur werden Ligaturen nach der Silbentrennung gesetzt.

Bei Abkürzungen werden Ligaturen gesetzt, auch wenn das ausgeschriebene Wort keine verwendet.

a Pensum Pro Regular

b NN Allegra Book

Kapitälchen auch Small Caps oder Small Capitals

a

Aa ABCDEFGHI

Aa JKLMNOPQR

Aa STUVWXYZ

Kapitälchen sind auf die x-Höhe verkleinerte Großbuchstaben, die im Fließtext weniger auffallen als Versalien.

Kapitälchen sind auf die Mittellänge der Kleinbuchstaben verkleinerte und leicht verbreiterte Großbuchstaben (damit sie optisch wirklich gleich groß wirken, müssen sie ein bisschen höher sein). Sie haben somit die Form von Versalien, jedoch die Funktion von Gemeinen und werden als
120 Auszeichnungsmöglichkeit sowie für Eigennamen, Titel, Abkürzungen, Ausrufe, römische Zahlen etc. im Mengensatz verwendet.

Ihre Strichstärke ist kräftiger als verkleinerte Großbuchstaben und entspricht den Gemeinen. Verkleinerte Großbuchstaben sind im Mengentext zu leicht und fallen durch. Zudem werden in vielen Schriften Versalien gezeichnet, dass sie neben Gemeinen funktionieren und nicht neben weiteren Versalien. Kapitälchen sind aber genau für diese eigenständige Aneinanderreihung skizziert.

Zur Unterstützung der Leserlichkeit sollte die Laufweite von Kapitälchen leicht erhöht werden. Sie können Kapitälchen mit oder ohne Versalien setzen. Je nachdem, wie sie sich entscheiden, sollten Sie aber innerhalb eines Textes die Variante nicht wechseln. Im Kapitälchensatz wird statt dem ›ß‹ ein Doppel-›s‹ gesetzt.

b

EU

WLAN

Typografie AG

MUSTER, ANNA:

Titel. Untertitel.

MAX VII.

Sie rief: OBACHT!

Möglichkeiten zur Verwendung von Kapitälchen.

↓

EXKURS: OPENTYPE FEATURES

Um die verschiedenen Glyphen automatisch in einem Textabschnitt zu verwenden, gibt es die OpenType Features. Zu finden sind sie in Adobe InDesign in der Palette ›Zeichen‹ im Menü. In Adobe Illustrator findet man sie in der Palette ›OpenType‹. Folgende Features befinden sich hier:

Bedingte Ligaturen
erweiterte und dekorative Ligaturen

Alles in Kapitälchen
Beim Aktivieren werden die richtigen Kapitälchen verwendet. Achtung: Es ist wichtig, wirklich diese OpenType Kapitälchen zu wählen und nicht jene Kapitälchen, die direkt unter OpenType stehen. Hat die Schrift nämlich gar keine Kapitälchen, werden bei der Variante zwei vom Programm automatisch Kapitälchen erstellt, die optisch genauso falsch sind wie selbst verkleinerte.

Schwungschrift / Titelschriftvarianten / Kontextbedingte Varianten / Formatsätze 1 bis 10
besondere Zeichenvarianten (siehe Seite 62 unten)

Null mit Schrägstrich
Null mit einem Schrägstrich zur besseren Unterscheidung vom großen ›O‹. Beispielsweise für Gutscheincodes (eine eindeutige Unterscheidung ist hier besonders wichtig und nicht aus dem Wortzusammenhang erkennbar).

Hochgestellt / Tiefgestellt
Varianten für hoch- und tiefgestellte Zeichen

Zähler / Nenner
Zahlenvarianten, um Brüche darzustellen

Versalziffern für Tabellen / Proportionale Versalziffern / Proportionale Mediävalziffern / Mediävalziffern für Tabellen
Ziffern für Text und Tabellen zugerichtet (siehe Seite 93)

Standardzahlenformat
das festgelegte Standardzahlenformat der Schrift

Sind OpenType Features mit eckigen Klammern umgeben, dann hat die Schrift diese Features nicht. OpenType Features sind in Adobe InDesign auch über die Zeichen- und Absatzvorlagen anwendbar und sind (leider meist sehr versteckt) in allen möglichen Programmen vorhanden. So findet man sie z. B. auch in Microsoft Word, Figma oder Sketch. Und selbstverständlich gibt es dann auch die Möglichkeit, OpenType-Alternativen über den CSS-Code in einer Website einzubinden.

↓

EXKURS: GLYPHEN-PALETTE

Zeichen werden durch ihre Bedeutung in der Sprache, Glyphen durch ihr Aussehen definiert. Tastaturbelegungen wie früher ASCII oder heute Unicode definieren Zeichen, aber nicht nach deren visueller Ausprägung.

Nimmt man den Buchstaben ›g‹, so bedeutet das Zeichen die Beschreibung für den Laut ›g‹. Wird es aber hier schriftlich wiedergegeben, wird der ausgewählte Font NN Allegra Book die Glyphe des ›g‹ zeigen. Das alternative einstöckige ›g‹ oder das ›g‹ eines anderen Fonts sind weitere Glyphen vom Zeichen ›g‹. In einem Font wird somit jedes Zeichen (wenn es denn von der Schriftgestalterin, dem Schriftgestalter gestaltet wurde) durch mindestens eine Glyphe repräsentiert. Mindestens eine Glyphe darum, weil ein Zeichen innerhalb einer Schrift auch durch mehrere Glyphen, die OpenType Alternates, visualisiert werden kann. Eine Ligatur für eine ästhetische Kombination wie ›fi‹ ist demnach eine Glyphe, aber zwei Zeichen.

Sie können die Glyphen einer Schrift entweder automatisch mithilfe der OpenType Features-Funktion aufrufen oder manuell mit der Glyphen-Palette, die in Adobe InDesign und Illustrator jeweils über ›Schrift – Glyphen‹ zu finden ist.

↓

AUSBLICK: OPENTYPE-SVG

Das klassische Format für Schriften ist heute OpenType. Seit einigen Jahren sieht man vermehrt auch Multicolored-Multi-Layer-Fonts. Solche Schriften basieren auf der Erweiterung von OpenType – dem OpenType-SVG. Durch OpenType-SVG können Farben, Farbverläufe oder andere grafische Optionen in einer Glyphe angezeigt werden, ohne dass die Schrift umgewandelt werden muss und sie so bearbeitbar bleibt. Mark van Wageningen hat sich in seinem Buch ›Color and Type. Mehrfarbige Multi-Layer-Schriften entwerfen und anwenden‹ sehr umfangreich mit dieser neuartigen Entwicklung von Schrift beschäftigt.

a Gza Regular
b NN Allegra Book

Optischer Randausgleich

↯
Um den optischen Randausgleich zu verwenden, muss in Adobe InDesign unter dem Menüpunkt ›Schrift‹ die Palette ›Textabschnitt‹ aktiviert werden.

Neben der typografischen Zeichenauswahl lässt der optische Randausgleich das Satzbild ruhiger wirken. Beim optischen Randausgleich werden Zeichen mit viel Fleisch (z. B. Interpunktion oder Buchstaben wie ›T‹, ›V‹, ›W‹, ›A‹, ›J‹) leicht über die Satzkante hinausgeschoben. Die Satzkante ist dann optisch bündiger – bei kleineren Schriftgrößen fällt er optisch allerdings weniger ins Gewicht wie bei großen Größen. Damit dieser Ausgleich ordentlich gemacht werden kann, müssen die einzelnen Textgrößen in eigenen Textrahmen platziert werden, da pro Textfeld nur ein Wert für den Ausgleich angegeben werden kann.

Worttrennungen

↓ 129
TIPP

Optischer Randausgleich und Worttrennungen stehen in unmittelbarem Zusammenhang mit dem Block- und Flattersatz. Mehr dazu gibt es im Teil ›Die Elemente der Makrotypografie‹ ab Seite 126.

↯
geschütztes Leerzeichen:
›CMD + ALT + X‹ (macOS)
›STRG + ALT + X‹ (Windows)

Einen Einfluss auf die Textkante haben auch sorgfältig gesetzte Wortumbrüche. Wörter zu trennen behindert zwar das Lesen, doch zu große weiße Löcher im Text ebenso. Guter Zeilenumbruch ist eine Prioritätenfrage. Das gleichmäßige Bild sollte immer Vorrang haben – zu viele und vor allem nicht sorgsam vorgenommene Trennungen erschweren aber zusätzlich die Texterfassung. Vorsicht gilt auch bei der Verwendung der automatischen Silbentrennung in Programmen, denn diese trennt nicht immer sinnvoll. Ist man sich unsicher, wo getrennt werden darf, ist ein schnelles Nachschlagen im Duden die beste Variante. Nicht getrennt werden dürfen Namen und Namenszusätze wie Titel zum Namen (Antonia Müller, B. A.), Abkürzungen (u. a.), Uhrzeiten oder Datumsangaben sowie Zahlen mit ihren Einheiten (300 g, 1 Stunde, 3 °C, 10 %). Statt des normalen Leerzeichens kann hier ein geschütztes Leerzeichen (GWZR) gesetzt werden.

mit optischem Randausgleich

a „Auch an das Zaubern
dachte sie nicht.“

Tagelang suchte sie
nach ihren Flügeln.

ohne optischen Randausgleich

„Auch an das Zaubern
dachte sie nicht.“

Tagelang suchte sie
nach ihren Flügeln.

Der optische Randausgleich lässt Satzkanten ruhiger und gerader erscheinen.

Absatz

Der Absatz ist Teil eines Textes. Er teilt diesen gemeinsam mit Interpunktion und Nichtbildzeichen nach Sinneszusammenhängen visuell und trägt dadurch zum Leseverständnis bei. Es entsteht ein Leserhythmus, der für das angenehme Lesen von längerem Text besonders unerlässlich ist. Absätze, sowie auch ganze Abschnitte, dürfen deshalb nicht einfach ›passieren‹, sie sollten gestaltet werden. Es gibt mehrere Methoden dafür:

Man beginnt einen Absatz mit einem einfachen *Zeilenwechsel* durch einen sogenannten stumpfen Zeilenanfang.

Absätze können auch mit einer *Blindzeile* getrennt werden. Diese Variante ist sehr aktiv, sie zerreißt die Kolumne und braucht viel Platz. Je nach Gestaltung und Funktion ist das aber genau so gewünscht.

↯ **Adobe InDesign kann rechnen! Wenn Sie exakt ein Geviert als Einzug verwenden wollen, können Sie bei den Einzügen auch den gewünschten Wert mit ›pt‹ angeben und es wird automatisch der richtige Millimeter-Wert errechnet.**

Viel subtiler, ruhiger und platzsparender kann man mit *Einzügen* neue Absätze kennzeichnen. Wie viel und in welche Richtung (eingezogen oder hängend) eingerückt wird, sollte immer im Zusammenhang mit den anderen typografischen Mitteln gesehen werden.

Zu guter Letzt gibt es noch die Möglichkeit, den Absatzwechsel mit einem (größeren) *Abstand*, einem *Zeichen* oder einer *Auszeichnungsschrift* dazwischen zu markieren. Diese Möglichkeit wird eher selten verwendet und ist als eindeutige Unterteilung auch weniger zu empfehlen.

Verschiedene Absatzvarianten vereinfacht skizziert.

Die Größe eines Einzuges des Zeilenanfangs zur Kennzeichnung
eines Absatzes richtet sich nach dem Weißraum der übrigen Seite –
genauer nach Schriftgröße, Wortzwischenraum und Zeilenabstand.
Je größer die Schrift, umso größer kann der Einzug sein. Stan-
105 dardmäßig wird ein Geviert verwendet, er kann aber auch größer
oder kleiner sein. Wichtig ist nur, dass er gut erkennbar ist. Halb
eingezogene Weißräume sehen eher wie ein Fehler oder ein unabsichtlicher Leerraum aus, als dass sie helfen, einen Absatz zu kennzeichnen. Die letzte Zeile eines Absatzes sollte auf jeden Fall länger sein als der Einzug des folgenden Absatzes, da ansonsten merkwürdige Weißräume entstehen, die ebenfalls irritieren.

↓ **BUCHTIPP**

In ›Lesetypografie‹ finden Sie detaillierte Beschreibungen und weitere Beispiele, wie Sie Absätze gestalten können.

a NN Allegra Book

Typografische Konsequenz

Anwendungssoftware macht es heute möglich, das Schriftbild auf vielerlei Arten zu bearbeiten und zu verzerren. *Davon ist unbedingt (!) abzuraten.* Schriftgestaltende nehmen Rücksicht auf optische Gesetze. Der Computer kann das nicht, Buchstaben werden entstellt und die Lesbarkeit beeinträchtigt. Einiges wurde im Laufe dieses Buches schon beschrieben.

40 Schriften dürfen nicht verbreitert, verschmälert oder von Hand kursiviert werden. Sehr beliebt ist es, mittels Kontur Schrift zu verdünnen oder verdicken. Auch das schadet den Buchstaben und dem ausgewogenen Schriftrhythmus, weil die Buchstabeninnenräume im Verhältnis nicht mehr stimmen. Fehlen einzelne Glyphen oder missfallen sie, dann sollen sie nicht von einer anderen Schrift hinzugefügt werden, weil jede Schrift eine andere Formensprache hat und diese Unterschiede zu stark hervorste-
93 hen. Buchstaben und Ziffern sollen nicht hochgestellt und Versalien nicht
98 auf Kapitälchengröße verkleinert werden. Diese Zeichen werden dann
im Verhältnis zum restlichen Schriftbild durch die Verkleinerung zu dünn.
77 Immer wieder trifft man auch auf Texte, bei denen die Laufweite zu stark verändert wurde. Auf keinen Fall sollte, nur um Platz zu sparen oder Zeilen auszugleichen, an diesem Wert drastisch herumgeschraubt werden. Dies geht immer auf Kosten der Lesbarkeit. Für Laien ist der Unterschied vielleicht nicht sofort erkennbar, man spürt ihn aber beim Lesen.

Gleiches muss gleich behandelt werden. Nichts irritiert mehr als Ungleichheit.

Der allerwichtigste Grundsatz bei all diesen Details: Die Leserin, der Leser möchte nicht gestört werden und nichts irritiert mehr als Ungleichheit. Innerhalb eines Textes sollten gleiche Elemente gleich behandelt werden. Wiederkehrende Elemente können so schneller und leichter verarbeitet werden und sorgen beim Lesen für Glaubwürdigkeit und Vertrauen. Für die Detailtypografie heißt das zum Beispiel, keine Minuskel- mit Versalziffern zu mischen, für die Uhrzeiten oder das Datum immer dieselbe Schreibweise verwenden, deutsche und französische Anführungszeichen nicht kombiniert oder das Euro-Zeichen immer einheitlich entweder vor oder nach der Zahl zu setzen etc.

		Original	von einem anderen Schnitt ausgehend verzerrt

Verfettete Buchstaben haben zu kleine Innenräume, die zulaufen.

a

Verdünnte Buchstaben verlieren an Verbindungsstellen zu viel Strichstärke.

b

Kursivierten Buchstaben fehlt die kursive Eigenart des schnellen Schreibens.

c

Verbreiterte Buchstaben verlieren ihre Formensprache und den bestimmten Grauwert.

d
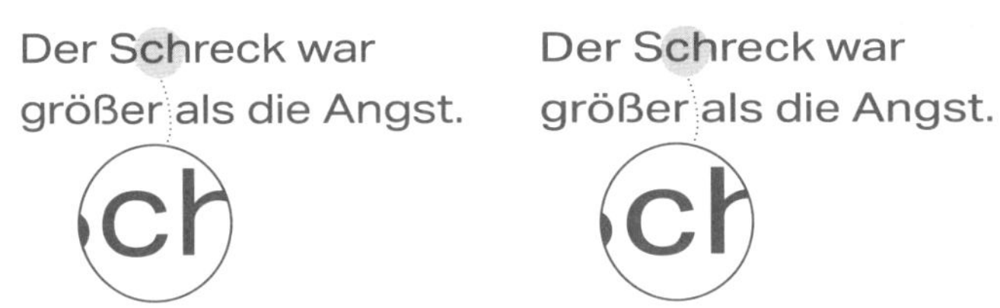

Selbstständig verkleinerte Kapitälchen sind zu leicht und fallen aus dem Schriftbild.

e

Selbstständig verkleinerte hochgestellte Zahlen sind im Satz zu leicht.

e
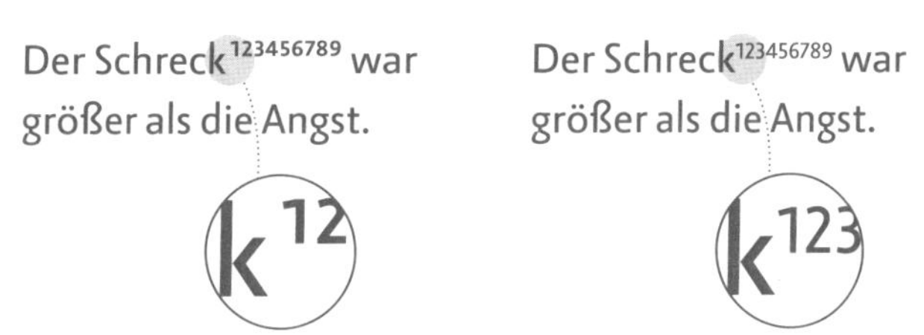

Einige beispielhafte Schriftanpasssungen, von denen Sie unbedingt die Finger lassen sollten.

a NN Allegra Bold
b NN Allegra Light
c NN Allegra Book Italic
d Aktiv Grotesk Extended Regular
e NN Allegra Book

↓

TIPP

Noch wichtiger ist das Credo ›Gleiches gleich behandeln‹ bei der Logik von Gliederungen, Überschriften und Unterüberschriften. Mehr dazu ab Seite 120.

Diese Gleichheit gilt auch für Inhalte. Will man Leserinnen und Leser leiten und nicht unnötig verwirren, müssen gleiche Inhalte gleich gestaltet (und auch getextet) werden. Die meisten Programme unterstützen Gestaltende dabei mit Absatz- und Zeichenvorlagen.

Zu guter Letzt noch ein abschließender Punkt: Diese hier beschriebene typografische Rechtschreibung ist nicht universell anwendbar. Jede Sprache und jedes Land hat ihre eigenen Regeln – und Fremdsprachen sollte man immer nach deren typografischer Rechtschreibung setzen. Es gibt teilweise große Unterschiede beim Satz von Interpunktion, Großschreibung und Trennungen. Um einige Beispiele zu nennen: Im Englischen werden Punkt
94 und Komma von Geldbeträgen genau andersherum wie im Deutschen üblich gesetzt, das Datum im Fließtext wird ohne Punkt gesetzt oder, wie
90 schon erwähnt, unterscheidet sich die Anordnung der Anführungszeichen.

	Deutsch	Englisch	Spanisch
Anführungszeichen	a „Guten Tag!“ »Guten Tag!« (DE, AT)	“Hello!”	“¡Hola!” «¡Hola!»
Genitiv-Apostroph	Antonias Buch	Antonia’s book	el libro de Antonia
Zahlen	2 345,90	2,345.90	2.345,90
Geldbeträge	13.056,94 € (DE, AT) 13 056,94 € (CH)	13,056.94 €	13.056,94 €
Datum	9. Mai 2019	9 May 2019 (UK) May 9, 2019 (USA)	9 de mayo de 2019
Uhrzeit	09:06 Uhr 09.06 Uhr	9.06 a.m. (UK) 9:06 a.m. (USA)	09:06 h 09.06 h
römische Zahlen	Max VII.	Max VII	Max VII

Die Orthotypografie unterscheidet sich von Land zu Land. Ein Überblick dazu bietet das Buch ›Detailtypografie‹.

↓

EXKURS: VERBORGENE ZEICHEN UND LEERRÄUME

Will man mikrotypografische Feinheiten erkennen und richtig setzen, hilft es, in Adobe InDesign im Normalmodus (Shortcut ›W‹) die ›verborgenen Zeichen‹ oder die ›nicht druckbaren Zeichen‹ einzublenden. So kann man Worttrennungen, Abstände und Leerzeichen besser kontrollieren, da jeder Leerraum ein anderes Zeichen hat, das diesen Leerraum darstellt. Gesammelt finden Sie die Leerräume in Adobe InDesign und Illustrator gesammelt unter ›Schrift – Leerraum einfügen‹.

Leerräume werden in Geviert angegeben. Geviert (Quadrat) ist eine relative Maßeinheit, die aus dem Bleisatz stammt. Ein Geviert entspricht in seiner Höhe und Breite dem Schriftkegel in der gewählten Schriftgröße – ein 12-pt-Geviert misst z. B. 12 pt × 12 pt und ein Halbgeviert ist dann halb so breit, also 6 pt × 12 pt, usw. Gevierte sind dort praktisch, wo Leerräume verringert oder erweitert werden sollen, u. a. weil sie leicht über Shortcuts aufgerufen werden können und sich zugleich wie ein geschütztes Leerzeichen verhalten. D. h. also, dass es an der gesetzten Stelle zu keinem Zeilenumbruch kommen kann. Welchen Wert man wählt, ist immer vom umgebenden Grauwert abhängig. Vertrauen Sie auf Ihre Augen!

•	**normales Leerzeichen:** **›Leertaste‹**
∧	**geschütztes Leerzeichen:** **›ALT + CMD + X‹ (macOS)** **›STRG + ALT + X‹ (Windows)**
-	**bedingte Trennung:** **›CMD + SHIFT + - ‹ (macOS)** **›STRG + SHIFT + -‹ (Windows)**
˅ •	**Achtelgeviert:** **›CMD + ALT + SHIFT + M‹ (macOS)** **›STRG + ALT + SHIFT + M‹ (Windows)**
— •	**Halbgeviert:** **›CMD + SHIFT + N‹ (macOS)** **›STRG + SHIFT + N‹ (Windows)**
—— •	**Geviert:** **›CMD + SHIFT + M‹ (macOS)** **›STRG + SHIFT + M‹ (Windows)**
¬	**manueller Zeilenumbruch:** **›SHIFT + ENTER‹**
¶	**Ende eines Absatzes:** **›ENTER‹**
#	**Ende eines Textabschnitts innerhalb eines Textfelds**

↓

EXKURS: SUCHEN UND ERSETZEN

Das Setzen der Details wird außerdem mit der ›Suchen/Ersetzen‹-Funktion erleichtert. Mit ihr können Sie nach Text, GREP-Styles (Global Regular Expression Print), Glyphen oder Objekten suchen:

Bei der *Textsuche* kann man nach spezifischen Buchstaben, Buchstaben- und Zeichengruppen, Wörtern suchen und diese ersetzen. *GREP-Suchen* funktionieren ähnlich, allerdings wird hier nicht nach Zeichen, sondern musterbasiert gesucht (z. B. alle Ziffern nach denen ein Strich und anschließend wieder eine Ziffer folgt). Bei der *Glyphen-Suche* sucht man konkret nach einer bestimmten Unicode-Glyphe und bei der *Objektsuche* kann man nach Eigenschaften der Objekte suchen (z. B. alle grünen Flächen). Hat man das Gesuchte gefunden, kann man sehr leicht kontrollieren, ob z. B. Gleiches gleich behandelt wurde oder die Glyphenauswahl, Abstände usw. stimmen.

Am besten erledigen Sie das schon zu Beginn im Manuskript – spätestens aber am Ende eines Projektes vor dem Druck/der Veröffentlichung macht es Sinn, u. a. nach Apostrophen, Anführungszeichen, Ellipsen, doppelten oder falschen Leerzeichen, Binde-, Gedankenstrichen, der richtigen Verwendung von Ligaturen oder nach Abkürzungen (z. B., u. a.), verwendete Firmen- oder Eigennamen zu suchen und diese einheitlich bzw. richtig zu stellen.

↓

EXKURS: ABSATZ- UND ZEICHENVORLAGEN

Absatz- und Zeichenformate sind für wiederkehrende Textelemente sehr praktisch, weil zum einen die Zuweisung schnell erfolgt, und zum anderen, weil durch sie die typografische Konsequenz erleichtert wird. Möchte man ein Format ändern, muss so nur ein Format und nicht jedes Textelement einzeln geändert werden. Je länger und umfangreicher ein Projekt ist, umso hilfreicher sind dann auch Absatz- und Zeichenvorlagen. Dies gilt umso mehr, je offener noch der Entwurfsprozess ist. Außerdem empfiehlt es sich, für alle typografischen Ebenen eigene Formatvorlagen zu generieren, auch wenn zu Beginn die Pagina z. B. in der Grundschrift erscheinen sollte. Wurde ihr ein eigenes Format zugewiesen, kann man sie später sehr einfach prominenter oder kleiner machen und muss nicht alle Seiten anfassen.

Absatzvorlagen gelten, wie der Name schon sagt, für ganze Absätze, Zeichenvorlage für die individuell markierten Zeichen innerhalb eines Absatzes. Eine Zeichenvorlage spezifiert die Absatzvorlage somit noch weiter und dient zur zusätzlichen Auszeichnung.

Wie Weißraum strukturiert wird

Einführung in die Makrotypografie

Die Makrotypografie beschäftigt sich mit allen typografischen Aspekten wie Layout, Format, Größen und Platzierungen des sorgfältig bearbeiteten Detailsatzes. Kurz: Sie organisiert den typografischen Gestaltungsraum. Dieser Gestaltungsraum ergibt sich aus der Aufgabe, den verbindlichen Vorgaben und dem Ziel, das einen Zweck zu erfüllen hat. Die Mittel, mit denen man dieses Ziel erreicht, sind Teil des Gestaltungsprozesses. Es gibt dabei kein vordefiniertes Schema, wie man eine Gestaltung angeht. Typografische Gestaltung ist vielmehr ein Balanceakt, der von einer Reihe von Entscheidungen getragen wird. Entscheidungen, die sogar zu unterschiedlichen Lösungen führen, für sich aber trotzdem alle funktionieren und den Zweck erfüllen können.

12 Wir haben bisher bereits geklärt was Typografie ist ⟶ **Kapitel 1**, wie
16 26 36 sie wirkt ⟶ **Kapitel 2**, gelesen ⟶ **Kapitel 3**, ausgewählt ⟶ **Kapitel 4**
74 und im Detail gesetzt wird ⟶ **Kapitel 5**. Dieses Wissen ist Grundlage für eine solide Anwendung. Was nun noch offenbleibt: Wie beginnt man am besten eine Gestaltungsaufgabe, wie beginnt man mit (Makro-)Typografie?

Öffnen wir ein Gestaltungsprogramm, ist die erste Frage immer die nach dem Format. Es werden Angaben für Breite und Höhe, Ausrichtung, Seitenanzahl, Spalten, Spaltenabstände und Ränder abgefragt. Die Software braucht zumindest grundlegende Parameter, damit sie ein Dokument erstellen und wir Gestaltungselemente platzieren können. Da wir diese abgefragten Parameter aber gar nicht beantworten können, wenn wir uns nicht schon vorher mit dem Projekt befasst haben, sollte der erste Schritt eigentlich nie das leere Dokument am Computer sein. Gestaltung beginnt schon mit der Durchsicht der Aufgabe, der bestehenden Inhalte und dem Ziel. Noch vor jedem Mausklick geht es zuallererst darum, Vorhandenes zu sortieren und erste Schlussfolgerungen auf (analoges) Papier zu bringen.

49 Wer liest was, warum, wie und wo? Diese Frage aus Kapitel 4 hilft uns Schrift passend auszuwählen. Schrift soll *zielgruppengerecht* gewählt werden, den *Inhalt bestmöglich unterstützen*, die *menschliche Aufmerksamkeits-Ökonomie überlisten*, und *örtliche* und *sonstige Störfaktoren ausgleichen*. Aber nicht nur Schrift soll das. Die Wahl der Schrift und jene nach den typografischen Mitteln sind eng miteinander verknüpft – im Idealfall unterstützen sich beide Komponenten gegenseitig. Diese Anforderungen

an die Schrift gelten daher gleichermaßen für die Gestaltung und es macht auch hier Sinn, nach dem wer, was, warum, wie und wo zu fragen, um die *Aufgabe* und das *Ziel* zu verstehen und einen geeigneten typografischen Lösungsweg zu finden.

Buch ist nicht gleich Buch, Website nicht gleich Website und Plakat nicht gleich Plakat. Es gibt viele Aspekte, die es bei jedem Projekt individuell zu berücksichtigen gibt. Weil man nicht alles auf einmal entscheiden kann, und um sich an ein Projekt heranzutasten, helfen erste grobe Skizzen wie das auch beim Wireframing für Screendesign üblich ist. Mit dem Skizzieren von groben Layouts brechen Sie die Gestaltung auf das Notwendigste herunter und bekommen so ein Verständnis für das Projekt. Sie können so, ohne konkretes Text- oder Bildmaterial, ohne Schrift, Farbe, oder Gestaltungselemente testen, ob Ihre Parameter – Ihr Fundament – stimmt. Schematische Skizzen zeichnen sich durch ihre Einfachheit aus und visualisieren und sortieren folgende (makrotypografische) Intentionen:

↓
TIPP

Eine Hilfestellung zur Beantwortung dieser Fragen gibt es ab Seite 120 im Teil ›Die Elemente der Makrotypografie‹.

1 ⟶ **Typografische Organisation** Welche Inhalte sollen vermittelt werden? Wie viele Differenzierungs-, Auszeichnungs- und Leseebenen brauche ich bzw. gibt es bereits? Ist die Strukturierung sinnvoll und logisch oder muss der Input eventuell noch entsprechend überarbeitet werden? Die typografische Strenge deckt sehr oft Denkfehler im Manuskript auf. Was bzw. wie viele Schriften, wie viele unterschiedliche Schnitte brauche ich, um diese Ebenen und Auszeichnungen bestmöglich zu gestalten?

2 ⟶ **Format** Welches Format, wie viel Platz brauche ich, um die gewünschten Inhalte zu setzen? Soll das Format hoch oder breit sein? Welches Format unterstützt die Handhabung?

3 ⟶ **Satzart** Wie, also in welcher Satzart, in welcher Schriftgröße, in wie vielen Spalten wird der Text gesetzt?

4 ⟶ **Satzspiegel und Raster** Wie sieht der Satzspiegel, die typografische Anordnung aus? Korrespondiert mein Seitenspiegel mit den Inhalten und dem Maximalumfang? Wo liegt der gestalterische Schwerpunkt?

5 ⟶ **Bilder** Wie funktioniert die Kombination Bild und Text? Was hat Priorität? In welcher Größe und in welcher Ausrichtung werden die Bilder hauptsächlich verwendet? Dürfen sie beschnitten werden?

6 ⟶ **Ausgabeformen** Für welche Oberfläche wird gestaltet und was hat diese Oberfläche für Eigenschaften, die beachtet werden müssen? Gibt es mehrere Ausgabegeräte/Formate?

7 ⟶ **Weiterverarbeitung** Welchen Eindruck soll das Projekt hinterlassen? Wie umfangreich wird das Projekt? Welche produktionsbedingten Vor- und Nachteile oder welche Einschränkungen gibt es zu beachten?

Fallbeispiele der Makrotypografie

14 Um noch einmal kurz an die Definition von Typografie in Kapitel 1 zu erinnern: Typografie ist die Lehre von der Gestaltung mit Schrift, gleichzeitig aber auch ein Gestaltungsprozess [...]. Hier klärt sich nun, was mit ›Prozess‹ wirklich gemeint ist. Gestaltung ist ein Prozess, bei dem es viele verschiedene, sehr oft voneinander abhängige Aspekte gibt. Man kann nicht seperat eines nach dem anderen entscheiden. Und weil die verschiedenen Aspekte so ineinander fließen, kann man nur sehr schwer alle Entscheidungen sofort und allumfassend treffen. Skizzen helfen, ein Gefühl für das Ganze zu bekommen. Für die Abhängigkeit verschiedenster Faktoren und die daraus folgenden ungünstigen Kollisionen. Skizzen ermöglichen Ihnen effizient und effektiv darauf zu reagieren. Und Sie können diesen Vorgang so lange durchspielen, bis alle Elemente schlüssig aufeinander abgestimmt sind. Am Ende wissen Sie dann im besten Fall relativ genau, wie Sie die Gestaltung aufbauen, wo Text- und Bildelemente am Besten platziert werden sollen und was wie wirkt.

Natürlich können Sie auch während des Gestaltungsprozesses selbst noch Korrekturen vornehmen – das wird sowieso nicht ausbleiben, weil Sie immer wieder auf neue Vorgaben, Inhalte etc. reagieren müssen. Das Gute an schematischen Skizzen ist aber auch, dass Sie, selbst wenn Sie noch gar keine Vorstellungen haben und nicht wissen, wo Sie beginnen sollen, durch ›trial and error‹ nach und nach zu einer passenden Lösung gelangen; einem Ergebnis, das es erlaubt, in komplexer werdenden Situationen leichter zu reagieren, weil Sie Alternativen schon einmal durchdacht haben.

Wie dieses Durchspielen in den Grundzügen funktionieren kann, möchte ich gerne in einem möglichst realistischen Ablauf auszugsweise anhand von drei Beispielen zeigen: Im *Briefing* werden die Aufgabe und das Ziel definiert. Im *Rebriefing* arbeite ich diese Vorgaben dann in eigenen Worten auf, einerseits um zu sehen, ob ich die Aufgabe/das Projekt richtig verstanden habe, andererseits auch, um erste Schlussfolgerungen zu ziehen. In der *Konzeptions*-Phase sortiere und leite ich aus den Rahmenbedingungen erste Gedanken und Ideen für eine mögliche Gestaltung ab, bevor sie in der *Skizzierungs*-Phase konkret visualisiert werden. Nach diesen ersten Überlegungen folgen in der Realität dann die ersten *Entwürfe* am Computer, die in mehreren Iterationsschleifen mit dem Team, der Kundin, dem Kunden final *abgestimmt* und schließlich *umgesetzt* werden.

Beispiel 1: Veranstaltungsprogramm

Briefing

Ihre Aufgabe ist es, eine Broschüre zu einem mehrtägigen Designsymposium zu gestalten. Ziel ist es, dass Besucherinnen und Besucher allgemein über das Symposium, über die Themen, die Vorträge, die Vortragenden, die Veranstaltungsorte, die Zeiten, die Sponsoren etc. informiert werden.

Rebriefing

Die Broschüre richtet sich an das Publikum dieses Fachsymposiums. Besucherinnen und Besucher sind sowohl Berufsneulinge, als auch Expertinnen und Experten, die neue Impulse für ihr Arbeitsleben erhalten möchten ⟶ **Zielgruppe**. In der Broschüre abgedruckt ist das Programm ⟶ **Inhalt**. Die Broschüre wird bei der Ticketvergabe ausgegeben. Eine Besucherin, ein Besucher ist höchstwahrscheinlich am Inhalt interessiert, da sie, er sonst nicht hier wäre. Grundsätzlich sind die Menschen aber nicht hier, um zu lesen, sondern um in das Thema einzutauchen ⟶ **Motivation**. Gelesen wird meist im Stehen oder im Sitzen, während und zwischen den einzelnen Programmpunkten ⟶ **Umstände, Ort**.

Konzeption

Besucherinnen und Besucher lesen diese Broschüre nicht linear von vorne nach hinten, sie lesen viel eher punktuell das, was für sie gerade relevant erscheint. Die Typografie ist in erster Linie eine unterstützende. Das heißt, damit Besucherinnen, Besucher für sie spannende Informationen finden können, muss die Broschüre sie leiten. Dazu gibt es unterschiedliche Textebenen von nützlichen, kurzen Infos bis hin zu längeren, beschreibenden Texten. Um die Suche zusätzlich zu vereinfachen, gibt es Orientierungselemente wie Kolumnentitel und Seitenzahlen. Strukturiert werden zudem die verschiedenen Textebenen in sich: Wie werden die einzelnen Veranstaltungen aufgebaut, welche Details sind vorgegeben, nach welcher Titelhierarchie werden sie sortiert? Ist eine Kategorisierung sinnvoll? Was ist für die Leserin, den Leser hilfreich? ⟶ **Typografische Organisation**

Das bedeutet einerseits, dass wir eine Schrift benötigen, die diese Differenzierungen ermöglicht, andererseits hat es Auswirkungen auf das Format. Neben der normalen Fließtextspalte gibt es kleinere Randnotizen – das gewählte Format muss daher breit genug sein, dass die Spalte vom Fließtext in der gewählten Schriftgröße für das Lesen noch ausreichend breit gesetzt werden kann. Das Format soll aber auch nicht zu groß sein, dass es für ein schnelles Lesen im Sitzen und Stehen unhandlich wird. Außerdem sind Besucherinnen und Besucher nicht unbedingt motiviert eine sperrige Broschüre mit sich herumzutragen. Womöglich wird die Programmbroschüre auch verschickt: Ist das Format daher porto- und auch druckbogenoptimiert? ⟶ **Format, Satzart, Satzspiegel und Raster**.

↓

TIPP

Lassen Sie sich, sobald das Format und der Umfang feststehen, ein Blindmuster machen oder fertigen Sie sich selbst eines an: Das erspart Überraschungen und hilft, z. B. bei der Portoermittlung.

In der Broschüre kommen viele Bilder vor, meist handelt es sich um Portraits der Vortragenden, oft auch um Fotos der vorangegangenen Veranstaltungen. Die Bilder dürfen beschnitten werden. Die Broschüre soll Lust zum Lesen machen und eine Stimmung vermitteln, große Bilder sind daher von Vorteil, insgesamt soll die Broschüre aber nicht zu großzügig gestaltet werden – wiederum aus demselben Grund wie schon vorher, dass sie nicht zu dick und unhandlich wird ⟶ **Bilder, Satzspiegel und Raster, Weiterverarbeitung.**

Weil die Broschüre auch während der Veranstaltung, wahrscheinlich auch bei wenig Licht gelesen wird, sollten wir darauf achten, dass der Hintergrund/Vordergrund-Kontrast hoch ist, sprich keine wichtigen Informationen in zu hellen Farben und/oder leichten Schriftschnitten gesetzt werden und dass wir bei invertiertem Satz auf den Farbkontrast achten. Um diese erschwerten Leseumstände auszugleichen wäre es sinnvoll, auch die Fließtextgröße etwas höher als normal zu wählen und sich für eine besonders gut lesbare Schrift zu entscheiden ⟶ **Typografische Organisation, Schrift, Satzart, Papier.**

Trotz der vielen Bilder möchten wir aufgrund des Charakters und der Haptik ein ungestrichenes Naturpapier verwenden. Volumen und Grammatur des Papiers sollten so gewählt werden, dass die Broschüre mit der finalen Seitenanzahl einerseits nicht zu dick wird, andererseits sollte das Papier opak genug sein, dass die vielen Fotos nicht zu stark durchscheinen und das Lesen stören ⟶ **Papier, Weiterverarbeitung.**

Aus Kostengründen wird das Magazin mit einer Klammerheftung gebunden. Weil die Blockstärke bei dieser Bindung limitiert ist, haben wir keine unbegrenzte Anzahl an Seiten zur Verfügung und müssen dies bei der Gestaltung berücksichtigen. Diesen begrenzt möglichen Umfang können wir dann auch noch ein klein wenig mit der Wahl der Grammatur und dem Volumen des Papiers ausgleichen. Es bedeutet ebenfalls, dass wir relativ nahe zum Bund gestalten können, weil eine Klammerheftung ganz aufgeschlagen werden kann. Zusätzlich müssen wir aber darauf achten, dass Details nicht zu sehr an den äußeren Rand gesetzt werden, weil sie durch den Bundversatz verloren gehen könnten ⟶ **Satzspiegel und Raster, Papier, Weiterverarbeitung.**

↓

TIPP

Um sich nicht all zu sehr in Gestaltungsdetails zu vertiefen, hilft es zu Beginn, die Skizzen klein anzulegen (ca. 5 cm). Je fortgeschrittener die Überlegungen und Skizzen sind, umso größer und dadurch auch genauer können sie dann werden.

Die ersten groben Überlegungen zum Projekt sind bereits gemacht und mit diesen als Grundlage können wir uns an die ersten Skizzen wagen. Was nun noch fehlt, sind die eigenen gestalterischen Intentionen. Gibt es Vorgaben von der Corporate Identity? Was möchte ich gerne gestalterisch unterbringen, wo Kontraste bzw. Schwerpunkte setzen oder welche Werte, welche Atmosphäre vermitteln?

1 ⟶ **Ausloten der Seitenproportionen und Verteilung der Kontraste**

Erste kleine Scribbles zeigen die Verhältnisse des Formates. Sie zeigen die gesamte Komposition, wie die Schwarz- und Weißräume verteilt sind, wie die Kontraste und die Gestaltung wirken soll. Wichtig ist, dass die Skizzen groß genug sind, dass Sie eine Anordnung erkennen können, Skizzen aber auch nicht zu groß sind, dass Sie sich zu schnell und zu sehr auf im Moment noch unnötige Details konzentrieren.

ein Programmpunkt pro Seite, sehr schmales Hochformat

zwei Programmpunkte pro Seite, breiteres Format gibt insgesamt weniger Seiten

ein Programmpunkt mit mehreren Bildern pro Seite, breiteres Format

2 ⟶ **Platzierung der typografischen Ebenen**

Im nächsten Schritt wird ein Entwurf ausgewählt und in diesem die vorgesehenen typografischen Ebenen grob platziert. Sobald Sie merken, dass Sie so platz- oder inhaltstechnisch nicht zurecht kommt, können Sie wieder zu Schritt 1 zurückkehren und mit anderen Formatproportionen weiterarbeiten.

Platzierung von Titel, Programmkategorie, Akteure, Beschreibungstext, Veranstaltungsdetails wie Ort, Datum, Ticket, Seitenzahl und Kolumnentitel

3 ⟶ **Festlegung des Satzspiegels und des Rasters**

Sobald Sie das erste Grundgerüst gesetzt haben, gilt es, dieses in ein System zu bringen. Wie viele Spalten brauchen Sie, wie sieht dadurch der Satzspiegel aus? Wie korrespondiert dieser mit der Bindung und der Anzahl der Seiten? Den finalen Seitenumfang steuern Sie auch mit der Gestaltung: Je mehr Inhalt Sie auf einer Seite setzen können, umso weniger Seiten werden sich ergeben. Allerdings geht es in erster Linie nie darum, Platz zu sparen (oder zu verschwenden), sondern Inhalte logisch, intelligent und lesefreundlich in eine Abfolge zu bringen.

6-spaltiger Raster (im finalen Design am Computer brauchen Sie womöglich dann noch einen feineren Raster)

längerer erklärender Text, z. B. Interview

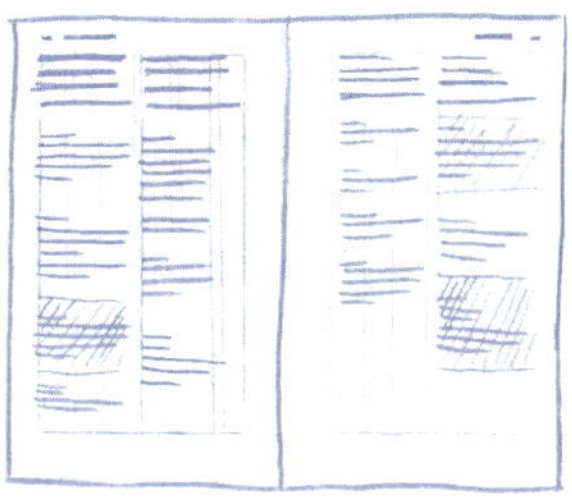

Programmübersicht mit Highlights

2-spaltiger Raster für die Beschreibung der Akteure und Locations

4 ⟶ **Erstellung von Seitenvarianten**

Der gewählte Satzspiegel mit Raster zieht sich durch die gesamte Broschüre. Sie müssen daher prüfen, ob er komplex und flexibel genug ist, auch an andere Inhalte angepasst zu werden, sodass eine angenehme Seitenabfolge entstehen kann. Inhalte sind selten hundertprozentig stringent, es gibt immer kleinere Abweichungen. In diesem Schritt geht es darum, das System weiterzudenken und zu prüfen, ob diese Abweichungen ebenfalls funktionieren würden. Zudem können Sie sich auch erste Gedanken um die endgültige Abfolge der Seiten machen. Bei einer Klammerheftung wird beispielsweise automatisch genau die Mitte aufgeschlagen. Diesen Effekt können Sie nutzen und genau dort eine Programmübersicht oder wichtige Informationen platzieren.

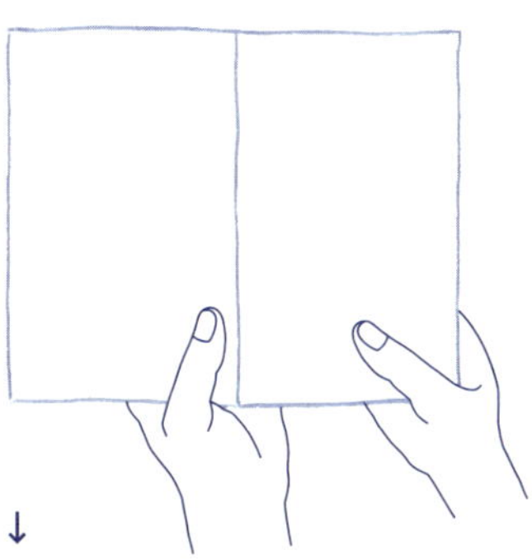

↓

TIPP

Um die Umsetzbarkeit zu prüfen und sich über den Umfang der Publikation im Klaren zu werden, hilft in diesem Schritt ein erster Seitenspiegel mit allen geplanten Inhalten.

5 ⟶ **Prüfung der Umsetzbarkeit**

Die Skizzen sind grobe Visualisierungen unserer ersten Gedanken. Ob sie auch funktionieren, müssen Sie nun testen. Schneiden Sie das Format zu, nehmen Sie es in die Hände und überprüfen Sie, ob es in dieser Ausführung in der Handhabung sinnvoll und benutzerfreundlich ist. Öffnen Sie erst dann den Computer und überprüfen Sie die Umsetzbarkeit und die Verhältnisse von Schrift, Schriftgröße, Spaltenbreite, Zeilenabstand, Zeilen- und Zeichenanzahl einer Seite. Auch hier gilt wieder: Sobald Sie merken, dass Sie nicht zurechtkommen, können Sie wieder zu einem vorherigen Schritt zurückkehren.

Beispiel 2: Faltplakat

Briefing

Ihre Aufgabe ist es, ein begleitendes Faltplakat für eine Ausstellung über drei Architektinnen des 19. Jahrhunderts und ihre Werke zu gestalten. Die Ausstellung ist eine auf sechs Monate angelegte Dauerausstellung in einem kleinem Stadtmusem. Ziel ist es, dass Besucherinnen und Besucher die Infos der Ausstellung zusammengefasst mit nach Hause nehmen können.

Rebriefing

Das Faltplakat richtet sich an die Besucherinnen und Besucher der Ausstellung ⟶ **Zielgruppe**, darin abgedruckt ist eine Zusammenfassung der Ausstellung ⟶ **Inhalt**. Man kann das Informationsplakat nach der Ausstellung mit nach Hause nehmen. Diejenigen, die es mitnehmen, sind interessiert, das Wissen auch wirklich zu verinnerlichen ⟶ **Motivation**. Gelesen wird es einerseits beim schnellen Vorbeigehen (aufgehängt) und andererseits in Ruhe beim Sitzen, Stehen ⟶ **Umstände, Ort**.

Konzeption

Das Plakat ist inhaltlich an die Ausstellung angelehnt, d. h. Sie müssen überprüfen, wie Sie die Struktur der Ausstellung auf ein kompaktes Format bringen. In der Ausstellung bewegen sich Besucherinnen, Besucher und sehen Inhalte hintereinander; im Faltplakat sind sie zusammengefasst auf einen Blick ersichtlich. Dadurch entspricht die Reihenfolge der gedruckten Inhalte nicht unbedingt der Ausstellung und es gilt zu überlegen, was neu gruppiert und sortiert werden sollte. Zudem soll es gleichzeitig ein attraktives Plakat zum Aufhängen (Wirkung von Weitem) und Informationen vermitteln (Wirkung für die Nähe) ⟶ **Typografische Organisation**.

Im Vordergrund bei einer plakativen Gestaltung steht die aktivierende Typografie. Ein Plakat soll aber nicht nur aktivieren, es funktioniert dann am besten, wenn die inhaltliche Botschaft schnell erfasst werden kann. Deshalb – egal welchen atmosphärischen Ansatz man für ein Plakat wählt, die Ordnung auf einem Plakat sollte sich nie von selber ergeben. Auch hier machen System und Struktur im Sinne der schnellen Lesbarkeit Sinn ⟶ **Satzart, Bilder, Satzspiegel und Raster**.

↓

TIPP

Im Vergleich zur Programmbroschüre sind die Inhalte dieses Beispiels viel weniger komplex. Vereinfacht kann daher auch die Skizzierung sein.

Das Faltplakat muss ausgeklappt groß genug sein, um alle Infos unterzubringen und geschlossen eine möglichst kleine, kompakte Größe haben, dass es nicht zu sperrig wird ⟶ **Format**.

Das Faltplakat wird am Ende mehrmals gefalzt. Je öfter es gefalzt wird, desto dünner sollte das Papier sein, weil es sonst durch das multiplizierte Volumen nicht mehr flach geschlossen werden kann. Zudem muss der Falz bei der Gestaltung berücksichtigt werden: Die Inhalte sollten entweder bewusst auf den Falz platziert werden oder sorgfältig alle Falzlinien vermeiden ⟶ **Papier, Satzspiegel und Raster, Weiterverarbeitung**.

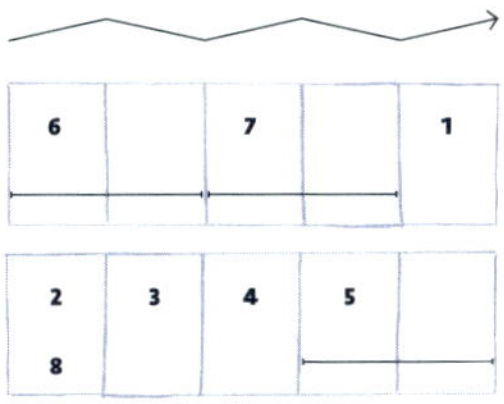

1 Titel
2 Einleitung
3 Geschichte
4 Portraits
5 Lebenslauf
6 Karte
7 Werke
8 Impressum

10-seitiges Leporello, das sich durch einen Zickzack-Falz zum geschlossenen A5-Format reduziert

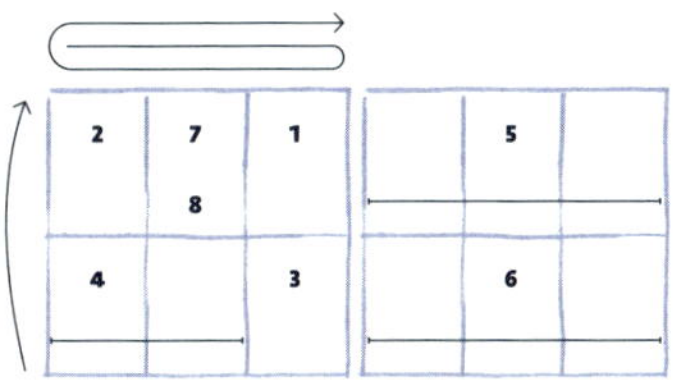

1 Titel
2 Einleitung
3 Portraits
4 Lebenslauf
5 Karte
6 Werke
7 Geschichte
8 Impressum

Plakat, das sich durch einen Kreuz-Bruch-Falz zum geschlossenen A5-Format reduziert

1 ⟶ Ausloten des Verhältnisses vom offenen zum geschlossenen Format

Es gibt viele Möglichkeiten, wie das Faltplakat gefalzt und wieder geöffnet oder aus welchem Ausgangsformat ein geschlossenes Endformat entstehen kann. Dieses Aufklappen ist nicht unbedeutend, weil wir dadurch eine Lesereihenfolge vorgeben. Um diese Lesereihenfolge noch besser zu verstehen und gekonnt einzusetzen, empfehle ich, unbedingt auch mit kleineren Papier-Prototypen zu experimentieren. Im weiteren Schritt hilft dann ein erstes grobes Einteilen der Inhalte, die optimalen Formate und Falzung zu bestimmen. Die Zahlen in den Beispielen zeigen, in welcher Reihenfolge die Inhalte durch das Aufklappen des Plakats ersichtlich werden.

Informationsteil des Plakates, der durch den Kreuz-Bruch-Falz die Leserichtung bestimmt

2 ⟶ Erstellung des Grundgerüsts der Inhalte

Platzierung der konkreten Inhalte als Scribble, Überprüfung des Satzspiegels und des Rasters und der typografischen Ebenen analog wie schon bei Schritt 2 und 3 im vorherigen Beispiel.

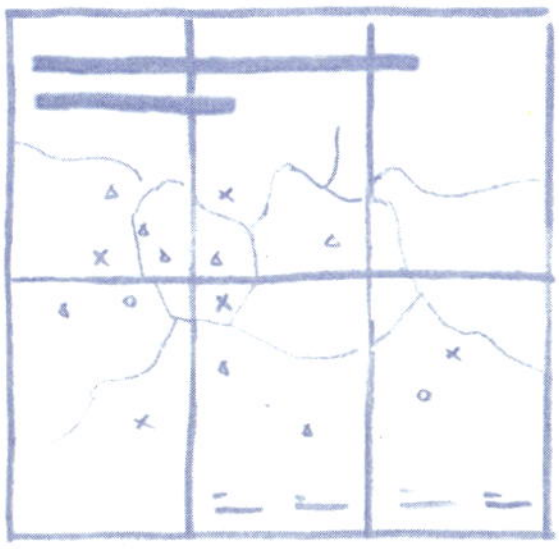

geschlossen die Innenseite, aufgeklappt zum Aufhängen

3 ⟶ Prüfung der Umsetzbarkeit

Überprüfung der Handhabung, Größe des Satzspiegels und des Rasters, der Schrift und der Schriftgröße, des Zeilenabstands, der Spaltenbreiten, der Zeichen- und Zeilenanzahl etc. analog wie bei Schritt 5 im vorherigen Beispiel.

Beispiel 3: Website

51 Wie Sie sich vielleicht erinnern, ist Typografie nicht vom *Medium* sondern vom *Inhalt* abhängig. Auch im Web möchte die Leserin, der Leser möglichst ungestört lesen und auch im Web verläuft der physische Lesevorgang auf dieselbe Art und Weise wie bei gedruckter Gestaltung. Die Mikrotypografie folgt daher den gleichen Regeln wie im Print. Der größte Unterschied in der Makrotypografie besteht darin, dass im Web alles viel dynamischer und dadurch viel weniger planbar ist. Man weiß als Gestalterin, als Gestalter nicht, wie die Website bei der Userin, beim User angezeigt wird, weil die Möglichkeiten durch die verschiedenen Bildschirmgrößen endlos scheinen. Gestalterinnen und Gestalter müssen sich im Web von der Vorstellung lösen, alles – besonders was Format, Spalten, Schriftgrößen, Abstände und Weißräume anbelangt – fix bestimmen zu können und viel mehr damit arbeiten, bei jeder möglichen Option das Beste herauszuholen.

↓
BUCHEMPFEHLUNG

Um tiefer, weniger typografisch sondern mehr konzeptionell, in die Bereiche User Interfaces (UI) / User Experiences (UX) einzutauchen sind die Bücher von Steve Krug, u. a. sein Klassiker ›Don't make me think!‹, sehr empfehlenswert.

Variabel ist zudem die Farbwirkung, da Bildschirme unterschiedlich kalibriert sind. Problematisch ist das für die Kontrastwirkung von Schrift- und Hintergrundfarbe – das ist unter anderem auch ein Grund, warum lesen am Bildschirm für unsere Augen viel anstrengender ist als dieselbe Textmenge auf Papier.

Briefing

Ihre Aufgabe ist es, ein Redesign einer Website für eine kleine Gärtnerei zu gestalten. Ziel ist es, die Website an die neue Corporate Identity und den Bedürfnissen der heutigen Zeit anzupassen. Die Website soll Einblick in das Schaffen der Gärtnerei geben und dient vorrangig zur Akquise von Kundinnen und Kunden sowie zur Gewinnung von neuen Mitarbeiterinnen und Mitarbeitern.

Rebriefing

Zielgruppe der Website sind potentielle Kundinnen und Kunden und auch potentielle neue Mitarbeiterinnen und Mitarbeiter ⟶ **Zielgruppe**.
Der Inhalt ergibt sich aus dem Stand der jetzigen Website, allerdings muss dieser sprachlich und inhaltlich überarbeitet und erweitert werden, um der Intention gerecht zu werden ⟶ **Inhalt**. Die meisten Besucherinnen und Besucher sind an bestimmten Informationen über die Gärtnerei interessiert, da sie die Website aufgerufen haben. Allerdings kann es durchaus sein, dass Userinnen, User zufällig auf der Seite landen (weil sie an einer Leistung, die die Gärtnerei anbietet, interessiert sind) und wir sie dazu animieren sollten, hier zu bleiben ⟶ **Motivation**. Gelesen wird überall dort, wo ein Screen und eine Internetverbindung verfügbar sind – also theoretisch überall ⟶ **Umstände, Ort**.

Sehr salopp gesagt, unterscheidet sich eine Website in den Grundstrukturen nicht sehr von einem Magazin oder einer Zeitung. Wir lesen eine Website nicht Wort für Wort, es ist viel eher ein Scannen bzw. selektives Lesen. Wir brauchen daher Leseebenen und Auszeichnungen, die die Inhalte strukturieren. Wir brauchen ein Menü und verschiedene Kategorien, die uns bei der Orientierung helfen. Wir haben immer wieder den gleichen Textaufbau mit wiederkehrenden Elementen wie Titel, Teaser, Fließtext, Zitate etc. und dennoch soll nicht jede Seite monoton gleich sein. Es gibt außerdem Teaserelemente und einen Ablauf, die dazu animieren, weiter zu klicken – um nur einige Parallelen aufzuzeigen. So auch bei dieser Website. Es gibt verschiedene Inhalte – Leistungen, Philosophie, Geschichte, Team, Kontakt, Anfahrt … – die jeweils unterschiedliche Textlängen und -aufteilungen haben. Um der Userin, dem User einen Mehrwert zu geben, ergänzen wir die Website zusätzlich mit ›Tipps für den eigenen Garten‹ und um Neuigkeiten rund um die Gärtnerei ⟶ **Typografische Organisation**.

Wir benötigen folglich eine Schrift, die diese Differenzierungen und Hervorhebungen möglich macht, im Web gut funktioniert und als Webfont zur Verfügung steht. In unserem Fall sind die Schriften und generell die Gestaltungselemente durch das Corporate Design vorgegeben. Da hinterleuchtete Bildschirme für die Augen ohnehin anstrengend sind, sollten die Texte gut strukturiert und auch nicht zu lang sein. Um der Anstrengung am Bildschirm weiter gegenzuwirken, halten wir die Spaltenbreite kompakt. Kompakt sollen auch die einzelnen Seiten in ihrer Länge bleiben. Es gilt hier eine ausgewogene Länge zu finden, weil Userin und User weder zu lange scrollen wollen (weil die Seite zu lang ist) oder ständig klicken wollen (weil die Seite zu kurz ist) ⟶ **Satzart, Ausgabeformen, Typografische Organisation**.

Da man das definitive Betrachtungsformat nur schwer feststellen kann, wird die Gestaltung für sogenannte Breakpoints definiert und zwischen diesen Breakpoints flexibel skaliert. Um diesen Breakpoints und dem Inhalt gerecht zu werden, entscheiden wir uns bei der Desktop-Variante für einen klassischen 12-er Raster, der mobil auf einen 4-er Raster reduziert wird. Ein 12-er Raster ist praktisch, weil er viele Möglichkeiten zur Unterteilung hat (2, 3, 4, 6) ⟶ **Format, Satzspiegel und Raster**.

Die Website soll Kundinnen und Kunden sowie neue Mitarbeiterinnen und Mitarbeiter akquirieren. Um die Inhalte dahingegehend zu unterstützen, ist ein großzügiges Layout mit vielen einladenden und atmosphärischen Bildern, Referenzen und Einblicken in die Gärtnerei essenziell. Wichtig ist außerdem, dass die Seite sehr intuitiv und simpel in der Anwendung ist, weil die Zielgruppe sehr breit und nicht unbedingt technikaffin ist ⟶ **Bilder, Satzspiegel und Raster**.

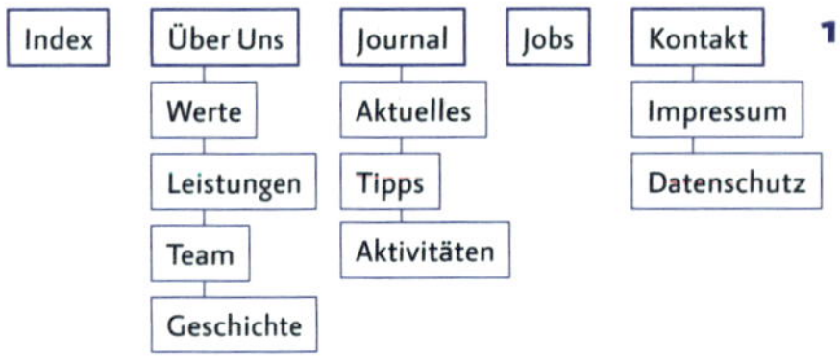

1 ⟶ **Erstellung einer Sitemap**

Der erste Schritt ist die Sortierung der Inhalte. So können Sie die Komplexität des Projekts, die Hierarchien, die Menügröße, die Haupt- und Unterseiten sowie die Verlinkungen und die Rangordnung zueinander erfassen.

Index	**Werte**	**Kontakt**
Hero-Slider	Hero	Hero
Einleitungstext	Bild-Text-Modul	Kontaktdaten
Kontaktdaten	Zitat	Social Media
Social Media	Leistungsteaser	Karte
Werteteaser	Geschichtsteaser	Anfahrt
Leistungsteaser	Footer	Jobteaser
Aktuellesteaser		Footer
Teamteaser		
Jobteaser		
Footer		

2 ⟶ **Einteilung in Module/Templates**

Im nächsten Schritt wird die Sitemap verfeinert, indem Sie die jeweiligen Inhalte auf den Seiten festhalten, beispielsweise Hero-, Slider-, Bild-Text-, Zitat- oder Teaser-Module etc. Sie sehen so, welche und wie viele verschiedene Templates Sie brauchen. Das ist von Vorteil, weil in der Programmierung nie jede Seite von Grund auf neu programmiert wird. Es werden stattdessen verschiedene Modulvarianten definiert, aus denen dann jede Seite aufgebaut werden kann. Je strukturierter und logischer Ihre Gestaltung ist, umso leichter ist die Website umgesetzt und umso besser finden sich auch die spätere Userin und User auf der Website zurecht.

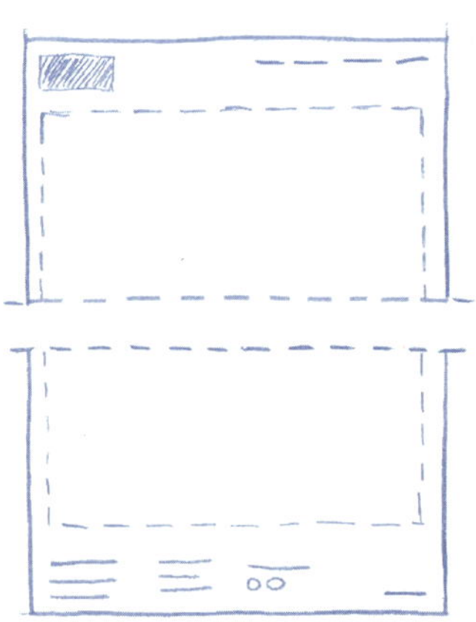

Menü-, Header-, Content-, Footer-Bereich

3 ⟶ **Skizzierung der Grundstruktur der Seite**

Sie definieren nun die grundlegende Struktur: Wo steht der Header mit Logo und Menü, der Content und Footer sowie das Verhalten dieser Elemente beim Scrollen – was bleibt stehen, was verschwindet oder verkleinert sich.

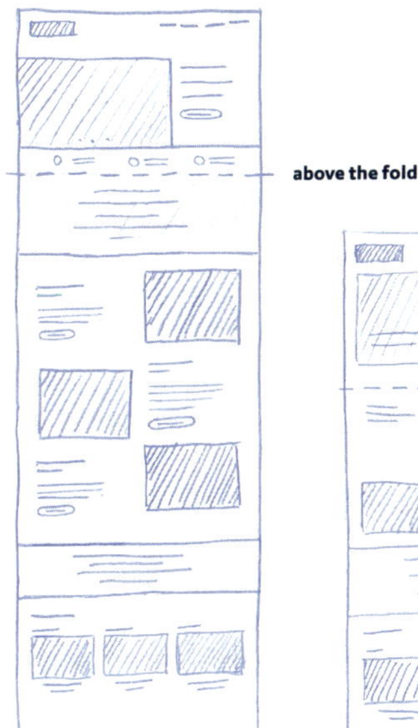

Indexseite

Default Unterseite ›Werte‹

Kontaktseite

4 ⟶ **Skizzierung der Landing Page sowie verschiedenster Template-Seiten**

Basierend auf dem Raster arbeiten Sie den Content der wichtigsten Seite aus (im Normalfall die Startseite) und definieren, was ›above the fold‹ (vor dem Scrollen) alles ersichtlich sein soll. Es ist der erste Blick, den die Userin, der User hat und dementsprechend wichtig. Er entscheidet darüber, ob die Nutzerin, der Nutzer weiterscrollt oder nicht und ob alle nötigen Infos dafür sofort ersichtlich sind. Wichtig dabei ist auch, immer im Auge zu behalten, dass der Raster nicht fixiert ist und die Module flexibel auf verschiedene Größen angepasst werden können.

↓

AUSBLICK

Dieses grobe Wireframing, das für kleine Projekte vermutlich ausreicht, ist nicht zu verwechseln mit umfassendem Prototyping für umfangreiche Websites. Für einen richtigen (Papier-)prototypen müssen die Details vorab sehr viel genauer ausgearbeitet (und auch getestet) werden, bevor mit der Gestaltung am Computer begonnen werden kann.

5 ⟶ **Prüfung der Umsetzbarkeit**

Wenn alle Information grundlegend klar sind, ist nun auch in der digitalen Gestaltung der richtige Zeitpunkt, an den Computer zu wechseln und die Umsetzbarkeit sowie die Verhältnisse von Schrift, Schriftgröße, Spaltenbreite, Zeilenabstand etc. zu überprüfen und weiter auszuarbeiten. Sobald Sie merken, dass es irgendwo hinkt, können Sie aber auch hier immer wieder zu den Papierskizzen zurückkehren.

Die Elemente der Makrotypografie

↓
BUCHEMPFEHLUNG

In diesem Buch hier werden nur auszugsweise die wichtigsten Grundlagen der Makrotypgrafie angerissen. Detaillierte Informationen finden Sie in ›Schrift und Fläche. Die typografische Komposition‹ von Martin Mosch.

Die Regeln der Detailtypografie sind sehr reguliert und in der Vergangenheit recht unangetastet geblieben. Auch in der Makrotypografie gibt es einige Thesen, die sich mehr oder weniger gut bewährt und bis ins 21. Jahrhundert transferiert haben. Jedoch sind diese freier und an den jeweiligen Zeitgeist angepasst. Grundlegendes Fachwissen ist auch in der Makrotypografie wichtig, eine Gestaltung sollte allerdings auf Feingefühl und nie nur auf Formeln beruhen. Die folgenden Gedanken dienen daher zur Orientierung, sind aber nicht als obligatorische Vorgaben gedacht.

Typografische Organisation

35 Lesen ist nichts Intuitives und bedeutet immer Anstrengung. Die geradlinigen und geordneten Augenbewegungen, die das Lesen verlangt, sind mit deutlich mehr körperlichem Aufwand verbunden als Sehen (weshalb Netflix und Co auch in Konkurrenz zum Buchmarkt stehen). Weil wir aber (all zu oft) nicht bereit sind, diesen Mehraufwand aufzubringen, muss Typografie
50 dem entgegenwirken, indem sie zum Lesen *aktiviert*, *unterstützt* und *dient*. Unsere Augen brauchen dementsprechend eindeutige Signale. Signale, die Leserinnen und Lesern zeigen, wo das Lesen beginnt, wie und in welche Richtung gelesen werden soll und wo das Lesen wieder aufhört. Typografisch zu gestalten bedeutet demnach auch immer, Inhalte zu organisieren und Strukturen zu schaffen, wo Konzept und Ordnung fehlen.

Die Makrotypografie organisiert den Gestaltungsraum, sie *verleitet* und *leitet* und macht Zusammenhänge verständlich.

Diese Organisation der Typografie ist für jedes Medium wichtig, denn überall ist die Leserin, der Leser für leitende Strukturen dankbar (in Magazinen, in Büchern, auf Visitenkarten, auf Plakaten, auf Websites, in Ausstellungen, in Gebäuden etc.). Und wie schon die Detailtypografie lebt diese Organi-
102 sation der Typografie von der Durchgängigkeit. Leserinnen und Leser lernen Textstrukturen unbewusst beim Lesen mit, sie können wiederkehrende

Elemente aber nur dann erkennen, wenn diese konsistent gestaltet sind. Egal in welchem Stil und mit welchen Mitteln wir Kontraste und Leseanreize setzen: Wichtig ist, dass sie logisch und decodierbar sind. Was nicht zusammengehört, muss klar erkennbar sein – umgekehrt gilt dasselbe. Lesende wollen nicht nach den Unterschieden suchen. Die verschiedenen Ebenen dürfen sich auch nicht gegenseitig ausstechen. Sie sollen sich vielmehr unterstützen, sodass ein gezielter Wechsel zwischen laut und leise entstehen kann. Nur so entsteht ein Leserhythmus, der uns erlaubt, uns auf die inhaltliche Verarbeitung zu konzentrieren. Testen Sie es selbst aus: Welchen dieser beiden Textblöcke lesen Sie leichter? Und bei welchem haben Sie sich am Ende mehr gemerkt?

Über typografische Hierarchien. Wollen Sie diesen Text wirklich lesen? Ein Text ohne erkennbare Gliederung, ohne System und Ordnung. Eine Textwüste, bei der Satz für Satz aneinandergereiht wurden, aber niemand darauf geachtet hat, Leseebenen zu integrieren? Ein bildlicher Vergleich: Entwirft eine Architektin, ein Architekt ein Haus, wird sie, er einerseits ästhetische, handwerkliche und technische Aspekte sowie die Wünsche der Bauherrin, des Bauherrn berücksichtigen. Andererseits wird sie, er versuchen, durch eine Raumeinteilung eine logische Ordnung zu schaffen. Es werden Zonen definiert: Wo tritt man ein, wo zieht man seine Schuhe aus, wo kocht, isst, schläft, arbeitet, entspannt oder wäscht man sich. Diese Zonen bestimmen den Gebrauch. Ein Haus ohne eine solche Aufteilung wäre anstrengend, weil die Orientierung fehlt. Genauso ist es mit Text. Strukturiert man einen Text, fällt das Lesen leichter, weil uns die Textelemente leiten. Aus der anfänglichen Monotonie entsteht eine strukturierte Komposition u. a. durch: Überschriften, Absätze, Hervorhebungen, und Aufzählungen.

Der Einsatz typografischer Mittel erleichtert das Verständnis sowie die Aufnahme- und Merkfähigkeit der Lesenden.

Über typografische Hierarchien

Wollen Sie diesen Text wirklich lesen? Ein Text ohne erkennbare Gliederung, ohne System und Ordnung. Eine Textwüste, bei der Satz für Satz aneinandergereiht wurden, aber niemand darauf geachtet hat, Leseebenen zu integrieren?

EIN BILDLICHER VERGLEICH: Entwirft eine Architektin, ein Architekt ein Haus, wird sie, er einerseits *ästhetische*, *handwerkliche* und *technische* Aspekte sowie die Wünsche der Bauherrin, des Bauherrn berücksichtigen. Andererseits wird sie, er versuchen, durch eine Raumeinteilung eine *logische Ordnung* zu schaffen. Es werden Zonen definiert: Wo tritt man ein, wo zieht man seine Schuhe aus, wo kocht, isst, schläft, arbeitet, entspannt oder wäscht man sich. Diese Zonen bestimmen den Gebrauch. Ein Haus ohne eine solche Aufteilung wäre anstrengend, weil die Orientierung fehlt.

Genauso ist es mit Text. Strukturiert man einen Text, fällt das Lesen leichter, weil uns die verschiedenen Textelemente leiten. Aus der anfänglichen Monotonie entsteht eine strukturierte Komposition u. a. durch:

a Überschriften
b Absätze
c Hervorhebungen
d Aufzählungen

Um diese visuellen Anhaltspunkte zu setzen und Inhalte zu organisieren, helfen verschiedene Textebenen – beispielsweise Titel, Untertitel, Teaser, Zwischenüberschriften, Fließtexte, Bildtexte oder Randbemerkungen. Diese Textebenen unterscheiden sich durch ihren *sprachlichen Aufbau* und durch ihre unterschiedliche *Platzierung, Skalierung* und *Formatierung*. Im weiteren Schritt können wir innerhalb einer Textebene dann noch feiner mithilfe der *Auszeichnungen* von Wörtern, Sätzen oder gar einem ganzen Absatz, Inhalte hervorheben oder integrieren.

ϟ
Organisieren lassen sich Leseebenen und Auszeichnungen am besten mithilfe von Absatz- und Zeichenvorlagen (siehe Seite 105).

Die klassische sehr leise Auszeichnung ist die Hervorhebung mit der *Kursiven.* Inhalte zurückhaltend betonen kann man auch mit KAPITÄLCHEN. Beide Varianten passen sich unaufdringlich und subtil in den Grauwert der Umgebung ein und werden erst beim Lesen selbst erkannt.

Im Gegensatz dazu gibt es die laute Auszeichnung mit *Versalien.* Weil Großbuchstaben stark hervortreten und das auf den ersten Blick, schon bevor man den Text liest, ist diese Hervorhebung sehr aktiv. Bewusst Inhalte betonen können Sie auch mit *Farbe*, mit *Hinterlegungen*, *Rahmen*, *Unterstreichungen*, anderen *Schriftschnitten* oder *-familien.* Diese Auszeichnungen sind alle sehr auffallend und unterbrechen auf jeden Fall das Sehen und das lineare Lesen. Mit Maß und Ziel (!) eingesetzt, ist dies je nach Zweck aber genauso gewünscht, um Lesende entsprechend zu reizen.

gleiche Schriftfamilie

a, b *leise* Typografie

a, c **laute** Typografie

gleiche Schriftsippe

d, e leise Typografie

gleiche Formensprache

c, f **laute** Typografie

g, h **laute** Typografie

Einige beispielhafte Möglichkeiten, wie Schrift gemischt werden kann.

Zur Auszeichnung werden häufig Schriftmischungen verwendet. Es gibt keine allgemeinen verbindlichen Regeln für gute Schriftmischungen. Entscheidend für das Gelingen einer Schriftmischung sind das eigene Fingerspitzengefühl sowie die Kombinierbarkeit
20 von Form, Struktur und Proportion der ausgewählten Schriften.

Eine sehr harmonische Mischung erhält man dann, wenn man
37 innerhalb einer Schriftfamilie mischt oder die gewählten Schriften
44 einer gemeinsamen Schriftsippe angehören. Harmonisch wird
die Schriftmischung außerdem, wenn Schriften mit dem gleichen
41 61 Duktus oder der gleichen historischen Ableitung (dynamisch,
statisch, geometrisch) gemischt werden. Eine laute Schriftmischung ergibt sich, wenn zwei gegensätzliche Schriften, die einen klaren Kontrast zueinander aufweisen, kombiniert werden.

Egal wie man Schriften mischt, sollte man für ein stimmiges Gesamtbild bei jeder Schriftmischung darauf achten, dass die Schrif-
84 ten in ihrer Schriftgrößenwirkung aneinander (am besten gemessen an den Mittellängen) angepasst werden, sodass sie gleichwertig und gleich groß wirken.

a, b **Kursive integrieren Auszeichnungen subtil in den Grauwert des Textes.**

Serifee hat von oben schon einmal Städte gesehen, große Ansammlungen von Häusern und Menschen, Straßen, Autos, Ampeln. Eigentlich hatte sie diese Städte nie so sehr gemocht. ›Aber vielleicht habe ich *Glück* und finde dort meinen Flügel‹, dachte sie zuversichtlich.

a **Kapitälchen betonen Inhalte ebenfalls leise und subtil.**

Serifee hat von oben schon einmal Städte gesehen, große Ansammlungen von Häusern und Menschen, Straßen, Autos, Ampeln. Eigentlich hatte sie diese Städte nie so sehr gemocht. ›Aber vielleicht habe ich GLÜCK und finde dort meinen Flügel‹, dachte sie zuversichtlich.

a **Versalien zeichnen aktiv Inhalte aus und müssen für einen sorgfältigen Satz etwas gesperrt werden.**

Serifee hat von oben schon einmal Städte gesehen, große Ansammlungen von Häusern und Menschen, Straßen, Autos, Ampeln. Eigentlich hatte sie diese Städte nie so sehr gemocht. ›Aber vielleicht habe ich GLÜCK und finde dort meinen Flügel‹, dachte sie zuversichtlich.

a, c **Farbe unterbricht den Grauwert des umgebenden Textes und fällt dadurch aktiv auf.**

Serifee hat von oben schon einmal Städte gesehen, große Ansammlungen von Häusern und Menschen, Straßen, Autos, Ampeln. Eigentlich hatte sie diese Städte nie so sehr gemocht. ›Aber vielleicht habe ich Glück und finde dort meinen **Flügel**‹, dachte sie zuversichtlich.

a **Hinterlegungen und Rahmen sind grobe typografische Eingriffe in einen Text und müssen sehr bedacht gesetzt und gewählt werden.**

Serifee hat von oben schon einmal Städte gesehen, große Ansammlungen von Häusern und Menschen, Straßen, Autos, Ampeln. Eigentlich hatte sie diese Städte nie so sehr gemocht. ›Aber vielleicht habe ich Glück und finde dort meinen Flügel‹, dachte sie zuversichtlich.

a **Unterstreichungen betonen Inhalte aktiv. Achten Sie bei der Verwendung darauf, dass es zu keinen irritierenden Berührungen mit den Unterlängen kommt.**

Serifee hat von oben schon einmal Städte gesehen, große Ansammlungen von Häusern und Menschen, Straßen, Autos, Ampeln. Eigentlich hatte sie diese Städte nie so sehr gemocht. ›Aber vielleicht habe ich Glück und finde dort meinen Flügel‹, dachte sie zuversichtlich.

a, c, i **Schriftmischungen kennzeichnen ebenfalls sehr deutlich und aktiv relevante Inhalte. Achten Sie dennoch auf eine harmonische Schriftmischung.**

Serifee hat von oben schon einmal Städte gesehen, große Ansammlungen von Häusern und Menschen, Straßen, Autos, Ampeln. Eigentlich hatte sie diese Städte nie so sehr gemocht. ›Aber vielleicht habe ich **Glück** und finde dort meinen **Flügel**‹, dachte sie zuversichtlich.

Möglichkeiten zur typografischen Betonung von Inhalten.

a NN Allegra Book
b NN Allegra Book Italic
c NN Allegra Bold
d Corporate S Regular
e Corporate A Regular
f GT Sectra Book
g Futura Medium
h Bauer Bodoni Roman
i Pensum Bold

Format

↓

TIPP

In der Kunst und auch in anderen Ländern ist es üblich Formatangaben mit Höhe × Breite anzugeben (also genau andersherum). Damit Sie immer sicher sein können, die richtigen Preise, Muster bei Anfragen zu erhalten, schreiben Sie am besten dazu wie Sie es meinen: Hochformat / Portrait bzw. Querformat / Landscape.

Beim Seitenformat wird je nach Ausrichtung zwischen *Hochformat* (höher als breit), *Querformat* (breiter als hoch) und dem *quadratischen Format* (gleich hoch wie breit) unterschieden. In der Gestaltung wird das Format mit Breite × Höhe angegeben, DIN A4 Hochformat ist also 21 × 29,7 cm.

Format und Inhalt

Das Format legt den zu gestaltenden Raum fest. In einem ersten Schritt müssen Sie sich deshalb zunächst klar werden, wie der Inhalt genau aussieht *(Wer liest was?)*. Welche Texte und Bilder gibt es und wie gestalten Sie diese? Welche typografische Organisation, welche Satzart, welchen Satzspiegel und Raster, welche Oberfläche und welche Weiterverarbeitung wählen Sie?

Die Formatwahl zieht dann immer gestalterische Folgen mit sich. Je nachdem, ob mehr oder weniger Inhalt auf einer Seite platziert werden kann, wird die Seite mehr oder weniger gut ausgenutzt und demzufolge verändert sich auch die Wirkung des Weißraums. Bei mehrseitigen Publikationen wie Büchern oder Broschüren ändert sich je nach Format und großzügigerem Weißraum die Anzahl der Seiten. Je größer im Format und je umfangreicher eine Publikation wird, umso weniger gut können wir es beim Lesen in einer Hand halten. Hinzu kommt, dass bei kleinen Formaten
144 mit hoher Seitenanzahl durch die Bindung womöglich zu viel Raum im Bund verschwindet. Der Umfang beeinflusst zudem auch das Budget für die Produktionskosten oder den Versand durch das Gewicht.

Format und Verwendung

Diese Entscheidungen stehen dann weiters im unmittelbaren Zusammenhang mit der Handbarkeit des Projekts *(Wer liest wie und wo?)*. Wie wird es verwendet: Beim Lesen auf dem Sofa, im Bus oder Wartezimmer – sprich wird es mit einer Hand, eventuell sogar im Stehen gelesen und muss besonders handlich sein? Wird es dekorativ am Tisch ausgebreitet und kann größer sein? Soll das Format in ein Bücherregal passen oder soll es bewusst auffallen? Wird es mitgenommen und muss daher in eine Hosentasche passen z. B. bei einer Wanderung, zur Orientierung in einem Museum oder bei einem Festival? Hat die Leserin, der Leser wenig Platz zur Verfügung, weil sie, er womöglich rundherum noch viele andere Dinge liegen hat z. B. beim Basteln oder Kochen oder weil sie, er in der U-Bahn sitzt und mit der Lesesache nicht Sitznachbarn belästigen sollte? Versetzen Sie sich in die Situation der Leserin, des Lesers – wie würden Sie das Printprodukt verwenden und was erscheint Ihnen praktisch? Die Gebrauchsfreundlichkeit eines Druckerzeugnisses bestimmt maßgeblich die Lesbarkeit.

Format und Wirkung

Das Format hat weiters Einfluss auf die Wirkung *(Wer liest warum?)*. Über das optimal harmonische Seitenverhältnis gibt es viele Theorien. Es gibt die klassischen DIN-Formate, bei der das Verhältnis von Breite zu Höhe immer gleich ist (1 : √2). DIN-Formate werden unterteilt in die A-, B- oder C-DIN Reihe. Im Sinne der Kostenreduktion bei der Verarbeitung, der Verwendung und auch für einen späteren Versand machen solche standardisierten Formate Sinn. Oftmals gibt es darum wenig Spielraum für Sonderformate, da Kosten am Ende immer mitentscheiden. Der Nachteil der DIN-Formate ist allerdings, dass sie etwas stumpf wirken, bekannt und ›normal‹ sind und ihnen oftmals die Eleganz oder Extravaganz fehlt.

Als Grundlage für eine vernünftige Verhältniswahl gibt es außerdem die Theorie vom Goldenen Schnitt oder die Fibonacci-Reihe. Vor allem die Fibonacci-Reihe (u. a. 1 : 2, 2 : 3, 3 : 5, 5 : 8, 8 : 13) ist bei der Formatwahl und generell in der Gestaltung sehr gebräuchlich. Zwingend sind sie jedoch natürlich nicht und Sie können theoretisch jedes Format wählen. Im Sinne der Nachhaltigkeit, um Ressourcen zu schonen, ist es dennoch empfehlenswert, Formate immer so zu wählen, dass sie den Rahmenbedingungen von Druckmaschinen entsprechen und Druckbögen gut ausgenutzt werden. Bei höheren Auflagen wird das Papier formatgerecht angeliefert, sodass Sie sich nicht an Standard-Bogenformate halten müssen.

↓

TIPP

Die optimale Nutzung von Druckbögen ist papier- und druckmaschinenabhängig und lässt sich am besten im Austausch mit der Druckerei abklären.

Für die Wirkung ist nicht nur das Seitenverhältnis, sondern auch die Größe entscheidend. Formatverhältnisse wirken nicht in jeder Größe gleich, deshalb sollte man unabhängig davon, welches Format man wählt, diese Entscheidung nicht am Computer treffen. Die optimale Größe lässt sich am besten mit einem 1 : 1 Prototypen in der Hand beurteilen.

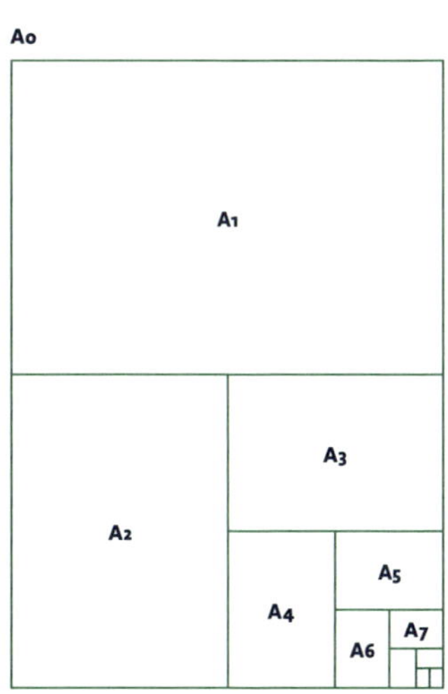

A0 = Vierfachbogen 841 mm × 1189 mm
A1 = Doppelbogen 594 mm × 841 mm
A2 = Bogen 420 mm × 594 mm
A3 = Halbbogen 297 mm × 420 mm
A4 = Viertelbogen 210 mm × 297 mm
A5 = Achtelbogen/Blatt 148 mm × 210 mm
A6 = Halbblatt 105 mm × 148 mm
A7 = Viertelblatt 74 mm × 105 mm
A8 = Achtelblatt 52 mm × 74 mm
A9 = 37 mm × 52 mm
A10 = 26 mm × 37 mm

Beim DIN-Format ist das nächstgrößere Format immer doppelt so groß wie das vorherige. Hier mit den Beispielgrößen der DIN A-Reihe. Analog wird das System bei der DIN B- oder C-Reihe angewendet, nur die Grundbogengröße ist eine andere.

Satzart

Grundlegend wird zwischen zwei Satzarten unterschieden:

Beim *Blocksatz* sind alle Zeilen genau gleich breit. Damit das möglich ist, werden die Abstände zwischen den Wörtern (nicht aber zwischen Zeichen) vergrößert oder verkleinert und sind dadurch unterschiedlich groß.

Beim *Flattersatz* bleiben die Wortabstände gleich groß. Da die Zeilen dann nicht mehr gleich lang sind, flattern sie am Ende der Zeile. Sie flattern aber nicht willkürlich, sondern in einem regelmäßigen Rhythmus von langen und kurzen Zeilen. Klassisch ist der linksbündige Flattersatz. Neben diesem gibt es auch noch einen rechtsbündigen und einen zentrierten.

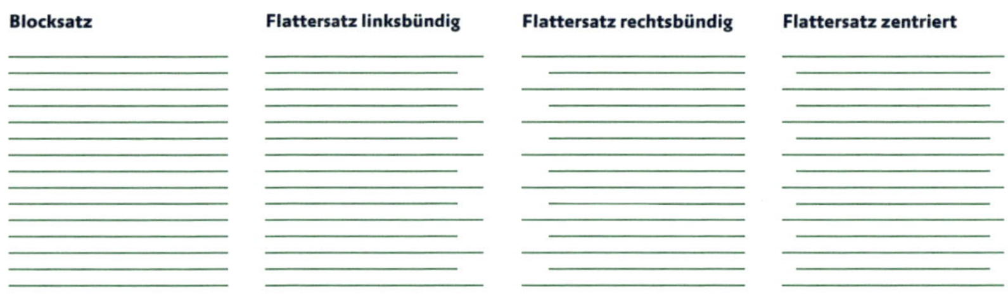

Die unterschiedlichen Satzarten vereinfacht skizziert.

Damit sich unsere Augen auf das Lesen konzentrieren können, haben beide Satzarten das Ziel, ein möglichst homogenes und ruhiges Seitenbild zu ermöglichen. Aus dem Text darf niemals ein ›Bild‹ oder eine Form werden, weil unsere Augen das gleichförmige Lesen dann sofort wieder aufgeben und ins unkoordinierte Sehen wechseln. Damit das erreicht werden kann, sollten Sie nie auf das Setzen von Programmen vertrauen und Texte bei beiden Satzarten überprüfen und, wo nötig, manuell ausgleichen. Konkret
77 heißt das, dass Wortzwischenräume und die Laufweite minimal ange-
100 129 passt, sinngerechte Zeilenumbrüche und Trennungen gemacht, sowie der
100 optische Rand korrigiert werden sollten.

Durch seine geraden Kanten links und rechts ist der Blocksatz geschlossen und wirkt dadurch ruhiger. Der Flattersatz dagegen hat maximal eine geschlossene bündige Kante, die zweite Seite ist aber offen und sehr aktiv. Weil unschöne Trennungen und Zeilenumbrüche durch diesen Wechsel von kurz und lang störender auffallen als im geschlossenen Blocksatz, ist das Durcharbeiten des Flattersatzes oft heikler und zeitintensiver. Grundsätz-
83 lich ist es so, dass je höher die Anzahl der Wörter in einer Zeile ist, desto problemloser lassen sich Block- und Flattersatz verwenden (das Lesen darf aber dennoch nie unter zu langen Zeilen leiden).

Flattersatz — 9 pt, ca. 68 Zeichen

a Sie tauchte auf, schüttelte die nassen Flügel und erhob sich in die
Luft. Sie flog höher und höher – die Erde würde sie vorerst nicht
mehr berühren! Auch an das Zaubern, denn das konnte sie ja nun
wieder, dachte sie nicht. Erst einmal war es ihr ganz und gar genug,
wieder fliegen zu können. Sie ließ den See unter sich zurück und
flog beschwingt über all die Orte hinweg, an denen sie nach ihrem
Flügel gesucht hatte …

Flattersatz — 9 pt, ca. 32 Zeichen

Die Erde würde sie vorerst nicht
mehr berühren! Auch an das
Zaubern, denn das konnte sie
ja nun wieder, dachte sie nicht.
Erst einmal war es ihr ganz
und gar genug, wieder fliegen
zu können. Sie ließ den See …

Blocksatz — 9 pt, ca. 68 Zeichen

Sie tauchte auf, schüttelte die nassen Flügel und erhob sich in die
Luft. Sie flog höher und höher – die Erde würde sie vorerst nicht
mehr berühren! Auch an das Zaubern, denn das konnte sie ja nun
wieder, dachte sie nicht. Erst einmal war es ihr ganz und gar genug,
wieder fliegen zu können. Sie ließ den See unter sich zurück und
flog beschwingt über all die Orte hinweg, an denen sie nach ihrem
Flügel gesucht hatte …

Blocksatz — 9 pt, ca. 32 Zeichen

Die Erde würde sie vorerst nicht
mehr berühren! Auch an das
Zaubern, denn das konnte sie
ja nun wieder, dachte sie nicht.
Erst einmal war es ihr ganz und
und gar genug, wieder fliegen
zu können. Sie ließ den See …

Beim Flattersatz bleibt der Wortabstand gleich, beim Blocksatz wird er ausgeglichen, damit links und rechts eine gerade Satzkante entstehen kann. Je schmaler die Spalte ist, umso sinnvoller ist der Flattersatz.

Welchen Satz man also wählt, ist oft eine Frage der Ästhetik – allgemeine Empfehlungen gibt es aber dennoch:

Dadurch, dass sich beim Blocksatz die Wortabstände aus der Zeilenlänge ergeben, empfiehlt sich bei schmalen Spalten mit wenig Wörtern der linksbündige Flattersatz. Bedingt durch die geringe Anzahl der Wörter ist auch die Anzahl der Wortabstände gering und die Gefahr, dass sich der übrige Weißraum unregelmäßig verteilt, ist groß. Wortabstände werden dann womöglich zu groß und es entsteht ein fleckiges Textbild.

Zu empfehlen ist der linksbündige Flattersatz zudem bei sehr kurzen Absätzen, Aufzählungen, Listen, Verzeichnissen, Registern sowie bei Fußnoten und dergleichen, da hier sonst, durch die meist schmalen und einzeiligen Absätze, auseinandergezogene Zeilen entstehen.

Auch im Web ist die Empfehlung der linksbündige Flattersatz. Damit Websites auf jedem erdenklichen Bildschirm optimal dargestellt werden (ohne horizontales scrollen), werden Websites heute ›responsive‹ angelegt. Responsive Design bedeutet, dass Websites nicht mehr starr nach einem Layout und mit einem Raster als Ordnungsprinzip im Hintergrund gestaltet werden, sondern mit vielen verschiedenen. Vereinfacht gesagt wird abgefragt, mit welchem Gerät, welchem Zoom, welcher Fensterbreite etc. die Userin, der User die Website betrachtet und dann die entsprechenden Eigenschaften der Seitenbreite geladen und angepasst. Die Gestaltung

a NN Allegra Book

↓

TIPP

Kneifen Sie Ihre Augen zusammen und versuchen Sie den Text bewusst, ohne ihn zu lesen, anzusehen. So merken Sie gut wo sich irritierende Textbilder ergeben.

muss darum unbedingt flexibel sein, weil man als Gestalterin, als Gestalter zwangsläufig die Kontrolle über die Zeilenlänge und damit verbunden über den Block-, den Flattersatz sowie die Worttrennungen verliert. Auch im Web kann Block- und Flattersatz theoretisch ausgeglichen werden, nur ist das durch die Varianz sehr viel mühsamer und zeitintensiver. Im Web empfiehlt sich daher auf jeden Fall Flattersatz zu verwenden, da durch den gleichbleibenden Wortabstand zumindest garantiert werden kann, dass auch bei zu schmalen Spalten kein zu löchriger Textblock entsteht.

Weil wir Zeilen von links nach rechts lesen und es für unsere Augen angenehmer ist, wenn die Zeile immer an der selben Stelle beginnt, sind der zentrierte und rechtsbündige Satz für längere Texte nicht geeignet. Diese Satzarten eignen sich eher für kurze Textabschnitte (z. B. Titel, Teaer, Zitate, oder Bildunterschriften) oder für eine Gestaltung mit wenig Text, da eine flatternde linke Satzkante mitunter herausragende Worte oder Trennungen durch Zeilenumbrüche zu sehr akzenturiert.

Sie tauchte auf, schüttelte die nassen Flügel und erhob sich in die Luft. Sie flog höher und höher – die Erde würde sie vorerst nicht mehr berühren! Auch an das Zaubern, denn das konnte sie ja nun wieder, dachte sie nicht. Erst einmal war es ihr ganz und gar genug, wieder fliegen zu können. Sie ließ den See unter sich zurück und flog beschwingt über all die Orte hinweg …

Bauch

Sie flog höher und höher – die Erde würde sie vorerst nicht mehr berühren! Auch an das Zaubern, denn das konnte sie ja nun wieder, dachte sie nicht.

Löcher

Sie tauchte auf, schüttelte die nassen Flügel und erhob sich in die Luft. Sie flog höher und höher – die Erde würde sie vorerst nicht mehr berühren! Auch an das Zaubern, denn das konnte sie ja nun wieder, dachte sie nicht. Erst einmal war es ihr ganz und gar genug, wieder fliegen zu können. Sie ließ den See unter sich zurück und flog beschwingt über all die Orte hinweg …

Tannenbaum

Sie tauchte auf, schüttelte die nassen Flügel und erhob sich in die Luft. Sie flog höher und höher – die Erde würde sie vorerst nicht mehr berühren! Auch an das Zaubern, denn das konnte sie ja nun wieder, dachte sie nicht. Erst einmal war es ihr ganz und gar genug, wieder fliegen zu können. Sie ließ den See unter sich zurück und flog beschwingt über all die Orte hinweg …

Diagonale

Aktive Formen sind beim Lesen störend, da so aus Texten Bilder entstehen.

↓

EXKURS: WÖRTER RICHTIG TRENNEN

In Adobe InDesign kann die automatische Silbentrennung mit der manuellen kombiniert werden. Die sauberste Methode, Wörter manuell zu trennen, ist die weiche Trennung mit dem bedingten Trennstrich (Tastenkombination unbedingt merken). Bedingt bedeutet, wir fügen zwar einen Trennstrich an der gewünschten Wortstelle ein, das Programm zeigt den Trennstrich aber nur dann an, wenn er gebraucht wird (wenn es zu einer Trennung kommt).

Sinnvoll ist das darum, weil es immer mal wieder zu Änderungen im Text, bei der Schriftgröße, bei der Spaltenbreite etc. kommen kann. Dadurch verändert sich auch die Zeilenlänge und ein Wort, das vorher getrennt war, muss durch die Veränderung womöglich nicht mehr getrennt werden, weil es jetzt in eine Zeile passt. Wird hart mit dem normalen Bindestrich getrennt, bleiben beim schnellen Korrigieren im Text dann oft-mals solche merk-würdigen Re-likte übrig – die normalen Bindestriche bleiben stehen. Wird ein bedingter Trennstrich vor den ersten Buchstaben eines Wortes gesetzt, wird dem Programm signalisiert, dass dieses Wort auf keinen Fall getrennt werden soll.

Ein weiterer wichtiger Leerraum für sorgfältige Worttrennungen ist das geschützte Leerzeichen. Wie bereits im vorherigen Kapitel beschrieben, dürfen gewisse Wort-/Zahlen-Wort-Kombinationen nicht getrennt werden, deshalb ist es hier sinnvoll, ein geschütztes Leerzeichen zu setzen; und, falls sie nicht schon aktiviert sind, die verborgenen Zeichen anzuzeigen (siehe Seite 105), um die eigenen Korrekturen besser nachvollziehen zu können.

weiche automatische Trennung von Adobe InDesign

a Typo~

harte manuelle Trennung: ›Bindestrich‹

Typo-

weiche manuelle Trennung mit dem bedingten Trennstrich:
›CMD + SHIFT + - ‹ (macOS)
›STRG + SHIFT + - ‹ (Windows)

Typo!

harte manuelle Trennung: ›Enter‹

Typo¬

bedingte Trennung (ungebraucht)

Typo-grafie

↓

EXKURS: ABSATZ VS. EINZEILENSETZER

In Adobe InDesign gibt es in den Optionen der Palette ›Absatz‹ zwei Möglichkeiten: Einmal den Adobe-Absatzsetzer und den Adobe Ein-Zeilen-Setzer. Standardmäßig ist der Adobe-Absatzsetzer eingestellt. Bei beiden Optionen versucht das Programm die möglichen Worttrennungen zu berechnen. Der Unterschied liegt in der Anzahl der Zeilen, die für die Berechnung miteinbezogen werden.

Beim Absatzsetzer analysiert Adobe einen ganzen Absatz und versucht so, ungünstige Umbrüche zu vermeiden, indem es nicht nur berechnet, was gut für diese Zeile ist, sondern wie sich eine Trennung auch auf die folgenden auswirkt. Das Programm versucht, dadurch die händische Korrektur zu vereinfachen.

Im Dialogfeld ›Silbentrennung‹, das ebenfalls in den Optionen der Palette ›Absatz‹ zu finden ist, kann zusätzlich bestimmt werden, wie lang das Wort für die Trennung mindestens sein muss, wie viele Trennstriche es höchstens geben darf, wie kurz die Vor- und die Nachsilbe maximal sein darf und wie groß die Flatterzone sein soll. Damit es zu weniger leseunfreundlichen Trennungen kommt, empfehle ich bei den Angaben ›kürzeste Vorsilbe‹ und ›kürzeste Nachsilbe‹ jeweils mindestens drei Buchstaben einzugeben.

Bei der Absatzsetzer-Variante ›denkt‹ das Programm ein Stück weit mit. Es heißt aber auch, dass, wenn ich in einer Zeile eine Trennung ändern möchte, womöglich der Flattersatz in einer anderen Zeile ebenfalls korrigiert wird. Damit das nicht passiert, muss auf den Ein-Zeilen-Setzer umgestellt werden. Nur so kann ich eine einzelne Zeile ändern, ohne dass sich bereits kontrollierte Trennungen wieder verschieben.

a NN Allegra Book

Satzspiegel und Raster

↓
BUCHEMPFEHLUNG

›Old but gold‹ gilt in dem Zusammenhang für das Buch ›Rastersysteme für die visuelle Gestaltung Ein Handbuch für Grafiker, Typografen und Ausstellungsgestalter‹ von Josef Müller-Brockmann. In kaum einem anderen Buch wird so detailliert, anschaulich und umfangreich beschrieben, was bei der Erstellung eines Rasters alles beachtet werden sollte.

Die Grundlage für die verschiedenen typografischen Ebenen ist der Satzspiegel. Er bestimmt den bedruckten und nicht bedruckten Raum einer Gestaltung. Einen Satzspiegel erstellen bedeutet einfach gesagt, die *Ränder* (Kopf-, Bund-, Außen-, Fußsteg) und damit die *Positionierung des Inhalts* auf dem Format zu bestimmen.

Satzspiegel und Lesekomfort

Genügend Weißraum um einen Text ist sehr wichtig, weil er einen optischen Abstand zur Umgebung schafft und das für unsere Augen ohnehin schon anstrengende Lesen komfortabler macht. Eine Gestaltung wird durch den Weißraum ruhiger und das Auge kann sich besser auf den Inhalt fokussieren. Wie groß dieser visuelle Abstand ist, wird folglich bei jeder Gestaltung von der *Lesedauer*, *-art* und *-motivation* der Leserin, des Lesers beeinflusst:

So hat beispielsweise ein Verzeichnis die Aufgabe, gebündelt und dicht viel Inhalt darzubieten. Da Verzeichnisse nur für eine kurze Dauer gelesen werden, sind die Anforderungen an den Lesekomfort weniger groß und die Ränder können kleiner sein. Gleiches gilt für Flyer, Postkarten oder andere Medien mit wenig Text und/oder einer sehr kurzen Lesedauer.

Einen Roman dagegen hält man in der Hand und liest man auch meist für mehr als nur ein paar Minuten. Um das Auge zu unterstützen und um Platz für ›haltende Hände‹ zu haben, müssen die Ränder größer sein.

Übrigens braucht auch eine Website diesen visuellen Abstand zwischen Lesetext und Umgebung. Im Gegensatz zum Print wird hier jedoch nicht vom Satzspiegel, sondern vom Content-Bereich gesprochen. Je mehr Weißraum einen Text umfließt, umso angenehmer ist das Lesen und umso weniger lassen wir uns von der Umgebung neben dem Bildschirm ablenken.

Satzspiegel für eine Einzelseite | **Satzspiegel für eine Doppelseite** | **Content-Bereich im Web**

1 Kopfsteg
2 Bundsteg
3 Außensteg
4 Fußsteg

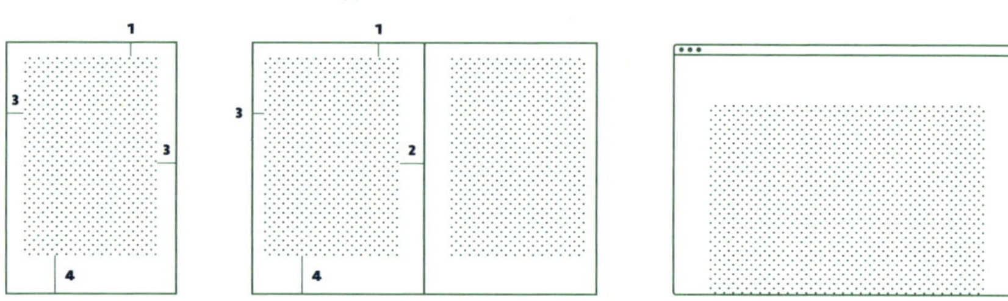

Der Satzspiegel bestimmt, wo Inhalte später platziert werden können.

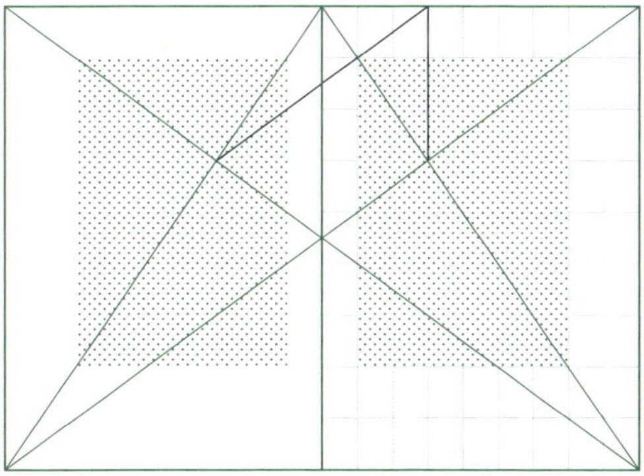

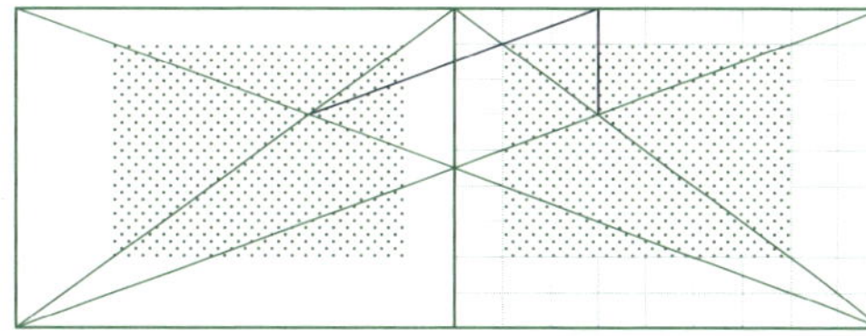

1 Vier Diagonalen (grün) ergeben zwei Schnittpunkte.
2 Wird vom rechten Schnittpunkt ausgehend eine vertikale Linie (schwarz) nach oben zum Seitenrand und dann zum Schnittpunkt auf der linken Seite gezogen, ergeben sich Bezugspunkte.
3 Diese Bezugspunkte sind die Grundlage für den Satzspiegel.

Das klassische Konstruktionsmodell nach Jan Tschichold orientiert sich am Villardschen Teilungskanon und teilt jedes Format im gleichen Verhältnis. Sie funktioniert theoretisch für jedes Format – ist aber nicht immer ideal.

In der Vergangenheit haben schon viele Gestalterinnen und Gestalter viel Energie investiert, um harmonische und spannungsvolle Proportionen dieses bedruckten und unbedruckten Raumes (vor allem für Bücher) zu finden. Das Problem bei diesen Theorien ist, dass sie nicht sehr ökonomisch sind, d. h. das Format mit viel Weiß schmücken und so wenig Raum für Inhalte bleibt. Hinzu kommt, dass sie bei Gestaltungen mit vielen Bildern meist an ihre Grenzen stoßen, weil sie nicht allzu gut auf die Anforderungen der verschiedenen Bildverhältnisse und -größen eingehen können. Wenn man bedenkt, zu welcher Zeit, mit welchen technischen und inhaltlichen Voraussetzungen diese Überlegungen gemacht wurden, ist das verständlich.

Das Verhältnis von Text und Bild war nicht immer so wie heute: Handgeschriebene Bücher mit einem Satzspiegel gab es schon im Mittelalter und bei den ersten gedruckten Büchern Mitte des 15. Jahrhunderts. Die erste dauerhafte Fotografie wurde erst 1826 aufgenommen. Dass Fotos selbstverständlich und vermehrt als Gestaltungselement im Einsatz sind, hat sich aber erst durch die Fortschritte in der Technik ergeben und verändert sich heute
52 noch immer, wie das Beispiel mit der Zeitung in Kapitel 4 zeigt.

Diese althergebrachten Konstruktionstheorien sind daher meist nicht umsetzbar, weil in der Regel Inhalte wegen des großzügigen Layouts nicht reduziert werden, zusätzliche Seiten aber die Kosten erhöhen und sowieso bei zu viel Umfang irgendwann auch die Handlichkeit leidet. Sie können sich diese Theorien dennoch als Hilfe nehmen, weil sie grundlegende Überlegungen der Ästhetik berücksichtigen und durch diese Herangehensweise ganz automatisch keine spannungslosen 1 : 1 : 1 : 1-Verhältnisse entstehen. Im Sinne der Ökonomie empfehle ich aber den Satzspiegel mit viel Feingefühl dem Projekt und dem Leseverhalten entsprechend anzupassen.
136

Neben der Lesedauer, -art und -motivation sind die wichtigsten formalen Voraussetzungen für die Erstellung eines Satzspiegels Kenntnisse über **124 141 144** das *Format*, das *Papier* und die *Bindung*, den Umfang der *Text- und Bildinhalte* und damit verbunden die ungefähr beabsichtigten *Schriften, Bild- und Schriftgrößen* sowie – sofern diese vorgegeben ist – die *Seitenanzahl.*

Satzspiegel und Format

Eine Gestaltung wirkt immer mit Form (bedruckte Fläche) und Gegenform (unbedruckte Fläche): Je schlanker der Satzspiegel dabei ist, umso mehr wird das Format gestreckt, je breiter er ist, umso mehr gestaucht. Je mehr Weißraum für den Fußsteg bleibt, umso leichter, schwebender wirkt der Inhalt. Diesen Kontrast von Form und Gegenform kann man zudem durch die Anzahl und die Größe der Elemente, die platziert werden, steuern. Das bedeutet, das gleiche Format kann mit einem unterschiedlichen Satzspiegel auch unterschiedlich wirken. Mitunter kann so mit Geschick ein ungünstiges Format mit einem soliden Satzspiegel wieder spannender erscheinen (und umgekehrt natürlich ebenso). Sehr viel wichtiger als historische Satzspiegeltheorien sind daher in sich stimmige Proportionen.

breiter Satzspiegel

schlanker Satzspiegel

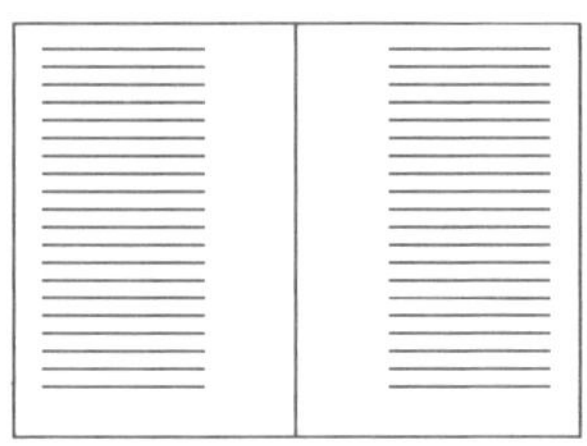

klassischer Satzspiegel

Je nachdem wo der Schwerpunkt der bedruckten Fläche liegt, verändert das die Wirkung des Formats.

Satzspiegel und Inhalt

Der Inhalt bestimmt den Satzspiegel erheblich mit. Viel Text auf wenig Seiten bzw. auf einem kleinen Format verlangt einen sparsamen Satzspiegel. Folglich muss das Seitenformat viel besser ausgenutzt werden. Dagegen kann die gleiche Menge Text mit der doppelten Anzahl an Seiten großzügiger gestaltet werden. Aber auch wenn es keine vordefinierte Seitenanzahl gibt, ist ein grundlos hoher Seitenumfang auch im Sinne der Nachhaltigkeit und der Kosten nicht zu empfehlen.

Wie viel ›Platz‹ Ihr Inhalt braucht, ist dann nicht nur von der Menge des Inhalts, sondern auch von der Gestaltung selbst – Schrift, Schriftgröße, Zeilenlänge, Zeilenabstand, Satzart, Grauwert der Schrift – abhängig. Wird der Satzspiegel mehrspaltig verwendet, muss das Format in Kombination mit der Schriftgröße noch eine angenehme Zeichenanzahl in

Flattersatz wirkt offener als der geschlossene Blocksatz. Bei mehrspaltigem Satz wirkt der Steg zwischen den Spalten bei gleichem Wert daher unterschiedlich.

einer Zeile erlauben, gleichzeitig müssen aber auch für die Unterscheidung der beiden Spalten die Stege zwischen den Spalten noch groß genug sein. Beim Flattersatz kann dieser Steg kleiner sein als beim Blocksatz, weil durch die offene Kante mehr Weißraum entsteht. Generell benötigt auch ein helles Satzbild (z. B. durch leichte Schriften, viel Durchschuss) einen Satzspiegel mit großzügigeren Rändern als ein dunkleres Satzbild.

Auch die Verwendung von Bildern ist für das Erstellen des Satzspiegels relevant: Wie werden Bilder platziert? Wie viele, in welcher Größe und in welchem Seitenverhältnis? Der Satzspiegel muss sich immer an die Inhalte anpassen und nicht umgekehrt. Bevor Sie einen Satzspiegel anlegen können, müssen Sie daher die Inhalte, die gestaltet werden sollen, schon relativ genau kennen.

Satzspiegel und Weiterverarbeitung

Wird Papier gefalzt und/oder gebunden, ist bei der Konstruktion eines Satzspiegels von Anfang wichtig zu wissen, wie die Drucksache gebunden wird. Je nach Bindung, Aufschlageverhalten, Gesamtseitenanzahl, Qualität der Verarbeitung etc. verschwindet mehr oder weniger Inhalt im Bund. Dieser Schwund verändert den Stand des Satzspiegels und die Wirkung einer Seite. Um dem entgegenzuwirken, empfiehlt es sich, den Satzspiegel vom Bund leicht nach außen zu verschieben. Dieser Versatz ist außerdem papierabhängig. Je nachdem wie steif das Papier ist, und wie gut es sich wölbt, wird die Wirkung der Bundstege mehr oder weniger verkleinert.

↓
TIPP

Lassen Sie sich bei umfangreichen Projekten einen Blindband anfertigen. Nur so kennen Sie das Aufschlageverhalten und können den Stand des Satzspiegels besser festlegen.

Ganz allgemein – egal ob es sich um ein gefalztes Buch, ein gefalztes Leporello oder auch einen einseitigen Flyer handelt – ist es immer sehr empfehlenswert, die Ränder so groß anzulegen, dass bei Ungenauigkeiten beim Zuschnitt (die sich nie vermeiden lassen) nichts verloren geht bzw. der verkleinerte Weißraum zumindest nicht störend auffällt.

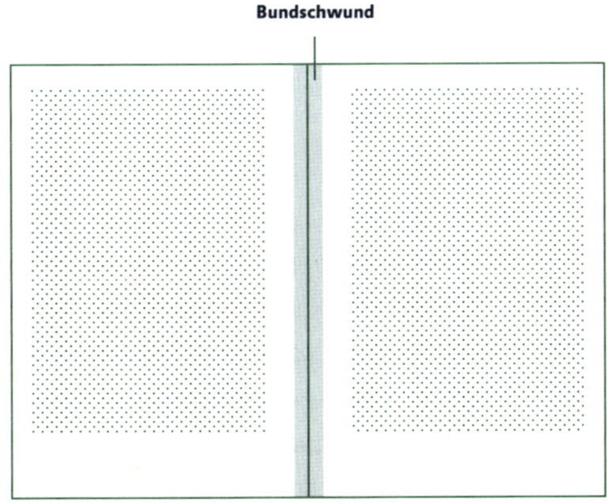

Der Bundschwund, der durch die Bindung entsteht.

Satzspiegel und Raster

Um die visuelle Konsistenz zu erleichtern, wird im Satzspiegel als Weiterführung ein Raster angelegt. Ein Raster ist ein Ordnungsprinzip – genauer, ein System von Linien, das eine Fläche in horizontale und vertikale Einheiten einteilt. Dabei entstehen Spalten und -abstände, die die Basis für ein systematisches und modulares Layout bilden. Ein Raster hilft, weil er Textblöcke und Bilder in ihrer Größe und den Platzierungsachsen vereinheitlicht. Diese visuelle Ordnung ist nicht gleichzusetzen mit Starrheit. In aller Konsequenz gibt es in einem guten Raster noch genügend Freiraum für Flexibilität. Gleiches soll gleich behandelt werden, Lesende sollen vor lauter Konsequenz beim Lesen der Seite aber auch nicht das Gefühl haben, dass sie ständig auf eine visuell komplett gleiche Seite umblättern.

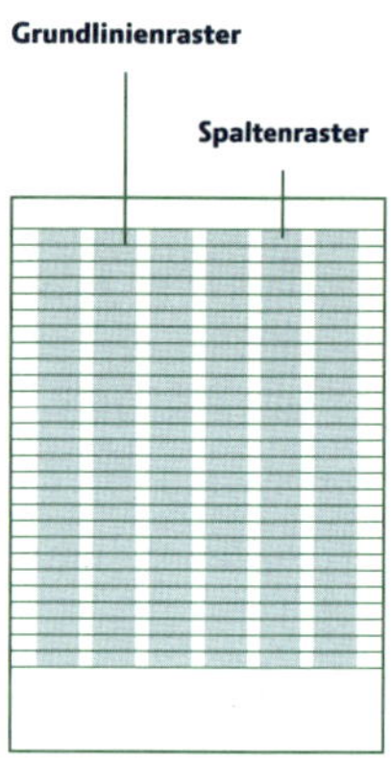

Die Kombination von vertikalem Spaltenraster und dem horizontalen Grundlinienraster ergibt einen flexiblen Raster.

Wie detailliert ein Raster ausgearbeitet wird, hängt von der Komplexität der Inhalte ab. Beispielsweise können in einen horizontalen und vertikalen Raster nur Bilder platziert werden, die beliebig beschnitten werden dürfen. Weil das oft nicht der Fall ist, ist es sinnvoll (generell und nicht nur bei vorgegebenen Bildverhältnissen), den Raster auf eine vertikale Einteilung zu beschränken. Bilder richten sich dann in der Breite am vertikalen Spaltenraster, während sich die horizontalen Höhen aus dem Grundlinienraster ergeben. So kann flexibel und trotzdem konsistent gearbeitet werden.

Der Grundlinienraster ergibt sich aus der Schriftgröße sowie dem Zeilenabstand des Haupttextes (meistens dem Fließtext). Er gibt dadurch automatisch die horizontale Seiteneinteilung vor und hilft, dass Bild- und Textkanten immer auf einer Linie liegen. Bei doppelseitigem Druck sorgt er zudem dafür, dass Vorder- und Rückseite registerhaltig gesetzt werden und kein unruhiges Satzbild durch die Transparenz entsteht.

↓

BUCHEMPFEHLUNG

Eine sehr detaillierte Beschreibung zu den Möglichkeiten des Grundlinienrasters finden Sie in ›Detailtypografie‹ von Friedrich Forssman und Ralf de Jong.

Innerhalb eines mehrseitigen Produkts bleiben Satzspiegel und Raster in der Regel unverändert. Um das zu garantieren, legt man Satzspiegel und Raster am besten über Musterseiten an.

Welche Einteilung man wählt, ist auch wieder inhalts- und formatsabhängig, allerdings ist es sinnvoll, eine gerade Anzahl zu wählen, da es so beim Gestalten mehrere Unterteilungsmöglichkeiten gibt (2, 3, 4, 6 Spalten). Und auch hier gilt abzuwägen, was man wirklich braucht, denn zu viele Spalten verkomplizieren nur unnötig die Gestaltung.

Wird mehrspaltig gesetzt, kann es außerdem sinnvoll sein, dem Steg zwischen den Spalten denselben Wert wie dem Grundlinienraster zu geben, weil dann der Abstand zwischen horizontalen und vertikalen Bild- und Textelementen auf allen Seiten immer gleich groß bleibt (siehe Erklärung und Abbildung auf der nächsten Doppelseite).

a Serifee hat von oben schon einmal Städte gesehen, große Ansammlungen von Häusern und Menschen, Straßen, Autos, Ampeln. Eigentlich hatte sie diese Städte nie so sehr gemocht. ›Aber vielleicht habe ich Glück und finde dort meinen Flügel‹, dachte sie zuversichtlich. Also machte sie sich mit dem Bus auf den Weg nach Futura-City.

Verschiedene Grundlinienraster: Die Rückseite scheint zwischen den Zeilen durch.

Serifee hat von oben schon einmal Städte gesehen, große Ansammlungen von Häusern und Menschen, Straßen, Autos, Ampeln. Eigentlich hatte sie diese Städte nie so sehr gemocht. ›Aber vielleicht habe ich Glück und finde dort meinen Flügel‹, dachte sie zuversichtlich. Also machte sie sich mit dem Bus auf den Weg nach Futura-City.

Gleicher Grundlinienraster: Die Schriftlinie ist gleich, der Weißraum zwischen den Zeilen wirkt ruhiger.

Der Grundlinienraster sorgt dafür, dass bei doppelseitigem Druck der Text immer auf der gleichen Grundlinie steht. Dadurch entsteht ein ruhigeres Lesebild.

Wie so oft in der Typografie wird auch die Erstellung eines Rasters von vielen verschiedenen Faktoren bestimmt und alle Entscheidungen fließen irgendwie ineinander über. Für Gestaltende bedeutet das, dass ein Raster, der punktgenau für alle vorkommenden Schriften, Schriftgrößen und Zeilenabstände, für alle beabsichtigten Bildgrößen und für die horizontalen und vertikalen Text- und Bildabstände passt, echte Rechenarbeit ist. Je mehr verschiedene Gestaltungselemente es dabei gibt, umso komplexer wird die Denkarbeit.

Eben weil es so komplex ist, wird ein Raster oft nur bei umfangreichen Textmengen angelegt. Es empfiehlt sich jedoch auch bei kleinen Projekten, einen an die Aufgabe angepassten Raster zu entwickeln. Einerseits aufgrund der Vorzüge, die ein Raster so mit sich bringt, andererseits, um ein Gefühl für die Erstellung eines Rasters zu bekommen.

↯

Anpassen kann man den Grundlinienraster in Adobe InDesign in den Voreinstellungen von ›Raster‹.

Um ihn anzuzeigen, muss man ihn über ›Ansicht – Raster und Hilfslinien – Grundlinienraster einblenden‹ einblenden.

Um Text am Grundlinienraster auszurichten, gibt es im Dialogfeld ›Absatz‹ ein entsprechendes Icon ›An Grundlinienraster ausrichten‹.

Bis jetzt wurde hauptsächlich von Rastern im Editorial Design gesprochen. Die Vorteile, die ein Raster mit sich bringt, machen ihn natürlich auch bei Orientierungssystemen, im Ausstellungsdesign, bei Corporate Designs und Erscheinungsbildern oder im Web, bei Apps etc. unerlässlich. Auch hier ziehen Sie beim Gestalten Nutzen aus der Effizienz und flexiblen Konsistenz und auch hier benötigen Leserinnen und Leser eindeutige visuelle Achsen sowie einen angenehmen Rhythmus von Bild und Text.

a NN Allegra Book

1 ⟶ **Platzierung des Satzspiegels**
Der Satzspiegel legt den Gestaltungsschwerpunkt einer Seite fest. Zuerst wird deshalb einmal die ungefähre Ausdehnung als Ausgangspunkt angelegt. Der Satzspiegel wird übrigens immer so angelegt, wie er dann auch verwendet wird – also als Doppel- oder als Einzelseite.

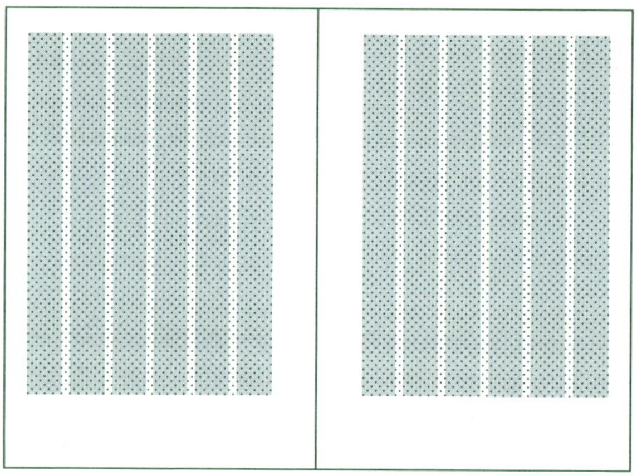

2 ⟶ **Einteilung in Spalten**
Im nächsten Schritt wird der Satzspiegel in die Anzahl der benötigten Spalten aufgeteilt.

3 ⟶ **Festlegung Grundlinienraster**
Spätestens jetzt müssen Schrift, Schriftgröße, Spaltenbreite und Zeilenabstand des Haupttextes festgelegt werden. Nur so können die finale Platzierung, die Höhe des Satzspiegels sowie die Stege zwischen den Spalten fixiert werden.

Eine beispielhafte Satzspiegel- und Raster-Konstruktion.

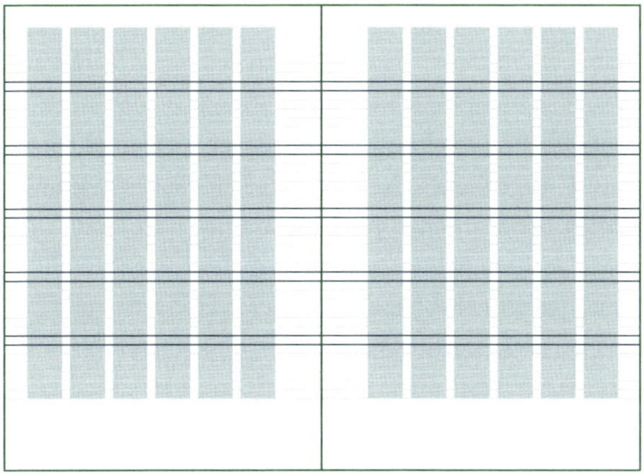

4 ⟶ **Einteilung in horizontale Spalten**
Eine optionale horizontale Unterteilung des Grundlinienrasters hilft bei der Platzierung der Elemente.

a

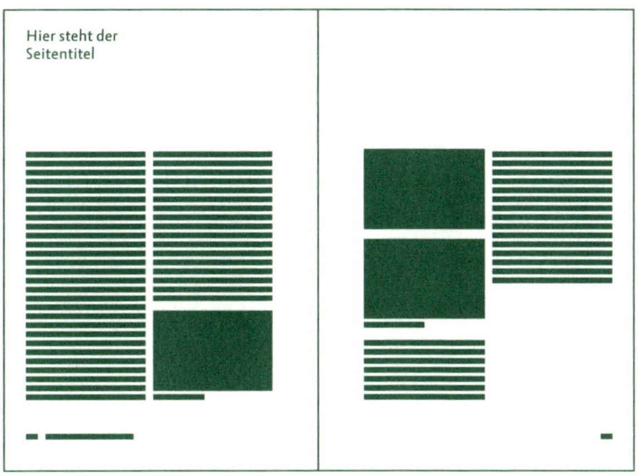

5 ⟶ **Platzierung der Basiselemente**
Auf Basis des Rasters werden nun erste Elemente wie Headlines, Fließtext sowie Bild und Bildunterschriften platziert.

6 ⟶ **Weitere Platzierungen**
Im letzten Schritt wird der Raster mit weiteren Inhalten, Schriftgrößen etc. getestet. Sobald man merkt, dass das System hinkt, wird man Schritt 2 bis 5 so lange wiederholen, bis alle Gestaltungselemente aufeinander abgestimmt sind und auch alle notwendigen Vorgaben (Anzahl der Bilder, Zeichen, Zeilen pro Seite …) eingehalten werden können.

a NN Allegra Book

Bilder

↓

BUCHEMPFEHLUNG

Hans Peter Willberg und Friedrich Forssman erläutern in ›Lesetypografie‹ detailliert mit Beispielen die Wirkung von Bildern in Kombination mit Text.

Bilder sind Teil der visuellen Kommunikation und müssen daher genauso wie Schrift in die typografische Gestaltung miteinbezogen werden. Bilder und Texte sind für unsere Augen und in weiterer Folge für die Verarbeitung im Gehirn nicht dasselbe. Bilder ansehen geschieht intuitiv. Texte lesen ist dagegen mit sehr viel mehr Aufwand verbunden. Außerdem geben uns Bilder, im Gegensatz zu Texten, keine (Lese)richtung vor. Weil sehen und lesen so verschieden sind, unterbrechen Bilder in Kombination mit Text auf jeden Fall immer den linearen Lesevorgang. Daher haben Sie als Gestalterin, als Gestalter, die Aufgabe, die Lesenden zu leiten: Je nachdem wo *(Platzierung)* und wie *(Abbildungsgröße, Seitenverhältnis)* Sie welche *(Bildmotiv)* Bilder platzieren, bestimmen Sie die Blickführung und den Lesevorgang maßgeblich mit.

Platzierung und Abbildungsgröße

↓

TIPP

Ein Raster, der vorsieht, dass ein Bild unabhängig von der Ausrichtung immer gleich breit gesetzt wird, gibt automatisch allen Querformat-Bildern weniger Gewicht, weil die Höhe beim Hochformat viel höher als die beim Querformat ist.

Unabhängig vom Inhalt eines Bildes steuern Sie durch die Platzierung und Größe, sowie durch Interaktion mit weiteren Bildern und deren Größe und Stand im Layout den Lesefluss und den Kontrast einer Gestaltung:

Wenn Bilder ständig das Lesen unterbrechen und dadurch erschweren, leidet die Lesemotivation der Leserinnen und Leser. ›Lesepausen‹ sollten daher gezielt und inhaltlich passend gestaltet werden.

Bilder, die von der Größe und vom Ausschnitt zu ähnlich sind, wirken gleichwertig – eventuell aber auch monoton. Je abwechslungsreicher die Ausschnitte und Größen sind, umso mehr Spannung und Lebendigkeit entsteht. Je größer ein Bild bzw. je größer Sie ein Bild im Verhältnis zum nächsten platzieren, umso mehr Wichtigkeit geben Sie ihm.

Je mehr Elemente bzw. je näher diese um ein Bild platziert sind, umso integrierter, ›eingesperrter‹ wirkt ein Bild. Umgekehrt gilt dasselbe. Je mehr Weißraum ein Bild um sich hat, umso ›freier‹ wirkt die Gestaltung.

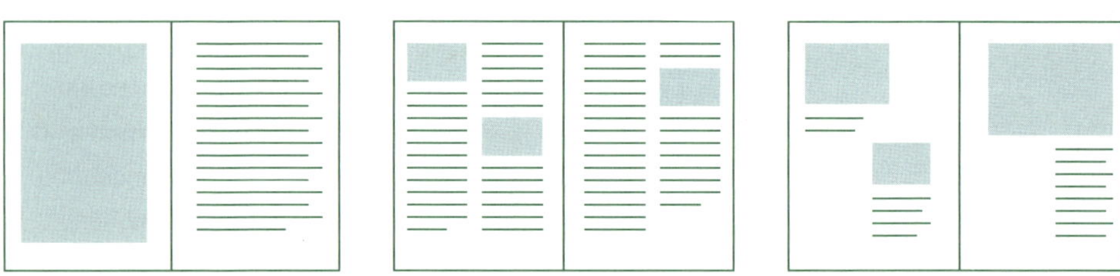

Bild-Text-Kombinationen beeinflussen den Lesefluss.

↓

TIPP

Trotz unterschiedlicher Bildgrößen wird ein Layout harmonischer, wenn die verschiedenen Größen der Bilder möglichst im selben Seitenverhältnis zueinander sind. Dafür ist es sinnvoll, sich möglichst im Vorfeld alles Bildmaterial anzusehen und zu analysieren, in welchen Proportionen die meisten Abbildungen vorliegen.

Seitenverhältnis

Der Satzspiegel und der Raster geben durch die horizontale und vertikale Beschränkung von Grundlinienraster und Spalten die Breiten und Höhen der Bilder vor. Bildmaterial kann aber nicht immer so beliebig zugeschnitten werden. Einerseits, weil durch den Zuschnitt Ausschnitte wegfallen oder der Bildfokus verschoben wird und sich dadurch die Wirkung und Aussage eines Bildes verändert. Andererseits, weil die Abbildungsverhältnisse, wie bei (Kunst)fotografien oder Gemälden, vorgegeben sind. Es ist deshalb wichtig, schon bei der Erstellung des Rasters zu bedenken, in welchem Seitenverhältnis und in welcher Größe Bilder platziert werden. Der Raster sollte dabei so angelegt werden, dass er Rücksicht auf die Proportionen der Bilder nimmt und nicht umgekehrt.

↓

TIPP

Weil jedes Bild seine eigene Dynamik hat, sollten Sie Layouts immer mit konkreten Bildern und nicht mit einfarbigen Flächen gestalten. Nur so können Sie die Wirkung von Bildern in eine Gestaltung miteinbeziehen.

Bildmotiv

Bilder haben neben der gestalterischen Bildsprache eine innere Logik, die besonders beim Platzieren neben weiteren Bildern beachtet werden sollte. Dieses Bild-zu-Bild-Verhältnis hängt von mehreren Faktoren ab: Von den *Größen* und *Größenunterschieden* der Bilder, von deren *Gewicht* (Helligkeit), von ihrer *inhaltlichen* und *formalen Aktivität* (Bewegungsrichtung), sowie von *Ergänzungen* mit der Umgebung.

Jede Gestaltung verfolgt ein anderes Ziel. Es gibt deshalb keine Regeln, die bestimmen, wie Bilder angeordnet werden müssen. Viel wichtiger ist es, auf die eigene Erfahrung aus der Realität zurückzugreifen und typografische Gestaltung immer als Gestaltung von Raum anzusehen, bei dem Sie als Betrachterin, als Betrachter einen unveränderbaren Blickwinkel haben. Nachfolgend einige einfache Beispiele, die diese Bildlogik zeigen:

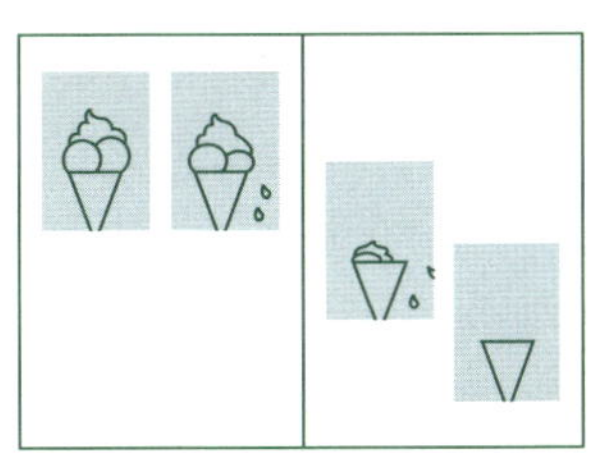

Bildkombinationen sollen möglichst natürlich angeordnet sein, d. h. der realen Natur entsprechen.

Eine Gestaltung wird stimmiger, wenn Bildanordnungen mit ihrer natürlichen, logischen Abfolge korrespondieren. Das heißt, dass Bilder entsprechend ihrem Motiv – von oben nach unten, sowie von nah nach fern – platziert werden. Bei Bildern, deren Abfolge eine Sequenz ergibt, ist es zudem wichtig, diese Story immer entsprechend unserer gelernten Leserichtung zu platzieren. Die Sequenz ist für uns ansonsten irreführend.

Bilder interagieren mit ihrer Umgebung.

Wir sehen Objekte immer mit ihrer Umgebung – das gilt auch für Bilder. Irritierende Ergänzungen, bei denen Elemente von einem Bild zum nächsten weitergeführt werden, sollten dabei auf jeden Fall vermieden werden. Sie können diese Eigenheit der Ergänzung aber auch nutzen, um Bilder bewusst miteinander in Dialog zu stellen.

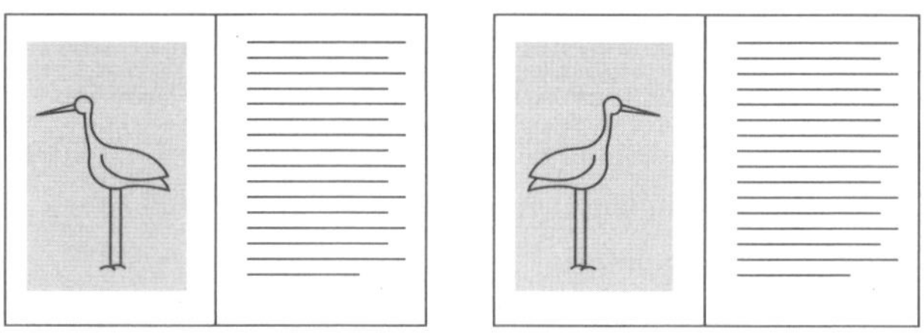

Bilder haben eine Bewegungsrichtung.

Blickrichtungen von Bildern leiten – im Idealfall zur Gestaltung hin und nicht von der Gestaltung weg.

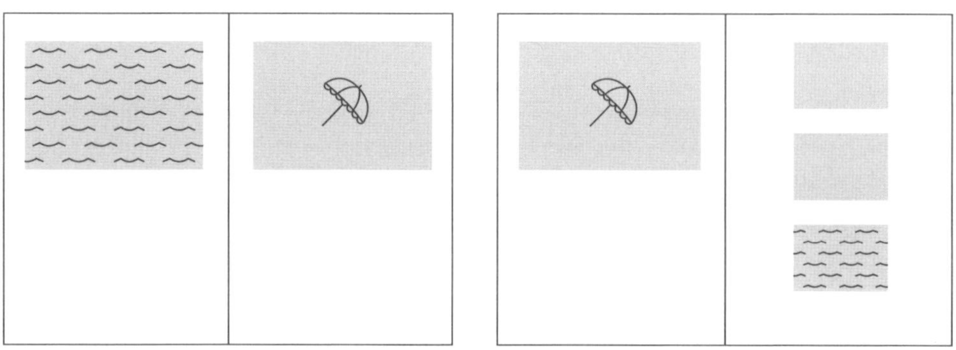

Die Dynamik von Bildern kann in der Gestaltung bewusst eingesetzt werden.

Die Dramaturgie einer Gestaltung wird natürlich nicht nur durch die Größe und Skalierung von Bildern bestimmt. Auch der Bildinhalt selbst hat Bedeutung hierfür, da naturgemäß ruhige und leichte Bilder eine Gestaltung beruhigen und erleichtern, lebendige beleben sowie schwere und dunkle Bilder eine Gestaltung gewichtiger erscheinen lassen.

Ausgabeformen

Die heute mit Abstand am häufigsten genutzten Oberflächen für Schrift sind *Papier* und *Bildschirme*. Neben diesen lesen wir beispielsweise in Ausstellungen, zur Orientierung oder Markenkommunikation von vielen weiteren Oberflächen wie Beton, Glas, Textilien, Holz, Metall, Keramik, oder Kunststoff. Unabhängig davon, wo Schrift schlussendlich verwendet wird, hat das Verhältnis von Vordergrund (also der Schrift) und Hinter-
27 grund einen entscheidenden Einfluss auf die Rahmenbedingungen und den
28 Vorgang des Lesens. Und dieser Kontrast ist von Material zu Material sehr unterschiedlich. Für unsere Augen sind beide Extreme – ein zu viel und ein zu wenig an Kontrast – ermüdend und anstrengend.

↓

TIPP

Sollten Sie unsicher sein, ob der gewählte Kontrast ausreichend ist: Es gibt im Web zahlreiche Tools, die Ihnen Feedback zum Farbkontrast Ihrer Website geben.

Bildschirme

Durch die Hintergrundbeleuchtung von Bildschirmen wirken Farben und Kontraste am Bildschirm viel extremer als auf Papier. Schlecht aufgelöste, kalibrierte oder kleine Bildschirme, schlechtes Umgebungslicht oder Sonnenstrahlen mindern die Lesequalität zusätzlich. Leserinnen und Leser können zwar bei den meisten Bildschirmen das Hintergrundstrahlen durch die Bildschirmhelligkeit anpassen, zu hohe Kontraste können so aber nur sehr beschränkt ausgeglichen werden. Achten Sie deshalb vor allem im Web auf Ihre Farbwahl. Schwarz beispielsweise muss auf Bildschirmen nicht 100 % Schwarz sein, damit es als Schwarz wahrgenommen wird. Oft reicht ein sehr dunkles Grau und Ihre Gestaltung wird sehr viel augenfreundlicher. Oder Sie reduzieren das Strahlen vom Schwarz, indem Sie dem Hintergrund einen leicht gebrochenen Weißton geben.

Papier

Papier hat unterschiedliche Eigenschaften, die alle ihren Einfluss auf die Funktionalität eines Druckproduktes und die Wirkung des Inhalts haben, deshalb hier ein kurzer Überblick, welche Eigenschaften Papier u. a. hat:

⟶ **Zusammensetzung** Papier kann *holzfrei* oder *holzhaltig* sein. Erstere sind sehr hochwertig und bestehen größtenteils aus Zellstoff. Holzhaltige Papiere dagegen bestehen u. a. aus feinen Holzfasern. Sie vergilben recht schnell und eignen sich für kurzlebige Drucke. Papier kann *hadernhaltig* sein, d. h. es besteht aus Hadern (Textilfasern). Dank seiner Reiß- und Falzfestigkeit sowie seiner Alterungs- und Witterungsbeständigkeit wird es beispielsweise für Banknoten, Impf- oder Reisepässe genutzt. Und dann gibt es noch *recyceltes Papier*, das aus Sekundärfasern (Altpapier) hergestellt wird. Recyclingpapiere sind dadurch oft etwas gräulicher und dunkler und werden deswegen teilweise auch optisch aufgehellt. Weil ihre Fasern kürzer und brüchiger sind, sind sie in der Verarbeitung (Bindung, Packaging) schwieriger.

ungestrichen

gestrichen

Die Beschaffenheit eines Papiers hat Einfluss auf den Druck.

⟶ **Herstellung** Papier kann *gestrichen* (coated) oder *ungestrichen* (uncoated) – auch Naturpapier genannt – sein. Naturpapiere haben durch die geringe Bearbeitung relativ große Poren. Die Oberfläche ist offener, fühlt sich leicht rau an und saugt folglich beim Druck mehr Farbe ein. Die Farbwirkung ist beim Druck dadurch zudem weniger intensiv und zu feine (Buchstaben-)details verlaufen leichter als beim gestrichenen Papier. Gestrichenes Papier ist mit einer dünnen Schicht, dem sogenannten Strich, überzogen. Die Oberfläche ist geschlossen und glatt und ermöglicht so beim Druck eine hohe Detailwiedergabe. Geglättetes Papier ist deshalb für den Kunst- und Bilderdruck ideal. Je nachdem, wie Papier gestrichen ist, spiegelt geglättetes Papier aber zu stark und ist dann für große Textmengen weniger geeignet, weil das Spiegeln das Lesen beeinträchtigt.

⟶ **Opazität** Papier kann mehr oder weniger stark lichtdurchlässig sein – es ist *transparent* (durchscheinend) oder *opak* (undurchsichtig). Das ist wichtig, wenn das Papier beidseitig bedruckt wird. Stark durchschei-
135 nende Texte der Rückseite stören das Lesen besonders dann, wenn die Registerhaltigkeit nicht gegeben ist.

⟶ **Grammatur** Papier hat verschiedene Gewichte. Dieses wird in Gramm pro Quadratmeter angegeben (g/m^2). Die Grammatur ist gemeinsam mit dem Volumen dafür verantwortlich, wie steif und wie dick sich das Papier anfühlt.

hohes Volumen

durchschnittliches Volumen

Je mehr Luft zwischen den Fasern ist, umso voluminöser fühlt sich das Papier an und umgekehrt.

⟶ **Volumen** Das Volumen beschreibt das Verhältnis von der Papierstärke zum Flächengewicht. Der Wert zeigt demnach, wie viel Luft zwischen dem Faserverbund steckt. Als Faustregel gilt: Bei Papier mit normalem Volumen (1-fach) beträgt die Dicke eines Blattes 0,1 mm je 100 g/m^2. Bei Volumenpapier, beispielsweise mit einem 2,2-fachen Volumen, beträgt die Dicke eines Blattes 0,22 mm je 100 g/m^2. Papiere mit hohem Volumen sind saugfähiger, rauher und steifer. Sie lassen ein Druckprojekt so haptisch und optisch umfangreicher wirken, ohne dabei an Gewicht zuzulegen. Es gibt auch (meist gestrichene) untervolumige Papiere (z. B. Vol 0,85), die einem beim Anheben sehr schwer erscheinen.

⟶ **Tönung** Papier hat verschiedene Weißtönungen (bläulich, rötlich, gelblich, grünlich). Je nach Tönung unterstützen oder beeinträchtigen sie die Optik der Bilder, die Farbtreue oder das Lesen. Beispielsweise strahlen kalt getönte Papiere, so dass leichte Buchstaben womöglich untergehen. Durch den Kontrast kommen dafür Bilder besser zur Geltung als bei einem zu warmen Papier, das die Farbtreue vermindert. Am lesefreundlichsten sind Papiere mit matter Optik in leicht gebrochenem Weiß.

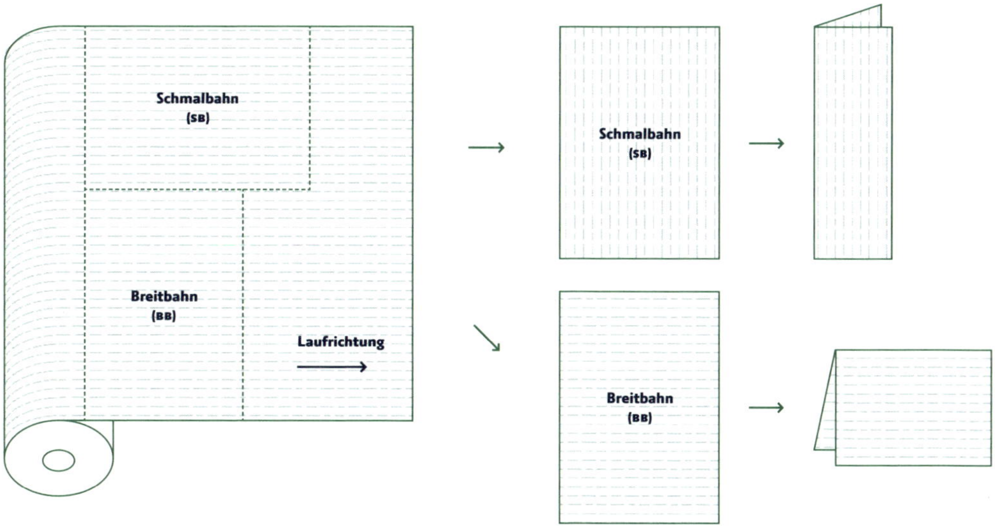

Durch den Zuschnitt von Druckbögen von der Papierrolle entstehen verschiedene Laufrichtungen.

⟶ **Laufrichtung** Bei der Papierherstellung wird der Zellstoff auf ein Endlossieb gegossen. Dadurch richten sich die Fasern in eine Richtung aus – die Laufrichtung. Durch das Zuschneiden der Papierrolle zu Druckbögen für die Druckmaschinen entstehen dann Papiere mit *Schmalbahn* oder *Breitbahn*. Das ist wichtig, weil Papier hygroskopisch (wasseranziehend) ist. Wasseranziehend bedeutet, Papier nimmt Luftfeuchtigkeit auf (es dehnt sich) und gibt sie wieder ab (es schrumpft). Diese Eigenart ist besonders bei gebundenen Projekten nicht zu vernachlässigen, weil sich Papier in erster Linie in die Breite der Fasern ausdehnt. Ist das Papier mit der Laufrichtung parallel zum Bund verarbeitet, ergeben sich wenig Probleme. Wird es jedoch gegen die Laufrichtung verarbeitet, kann es sich bei sich ändernder Luftfeuchtigkeit wellen. Gegen die Laufrichtung lässt sich Papier auch nicht gut reißen, falzen und blättern und die Druckprodukte wirken sperrig.

Weil Papier so verschieden ist, ist die Auswahl eine wichtige Gestaltungsentscheidung. Zum einen stellen Bilder und Text verschiedene Anforderungen an ein Papier. Andererseits entscheidet die gewünschte *Haptik*, die *Haltbarkeit* des Projekts (wie stark oder für was es verwendet wird – Roman vs. Notizbuch), die *Wertigkeit*, die vermittelt werden soll, die *Nachhaltigkeit* (Recyclingpapier, Cradle-to-Cradle-Produktion) und natürlich das *Budget*. Die Qualität und die Kosten eines Projekts werden schließlich zuletzt auch durch das in Frage kommende Druckverfahren bestimmt, da Offsetdruck, Digitaldruck, Letterpress oder der Ausdruck mit dem eigenen Laser- oder Tintenstrahldrucker in Kombination mit verschiedenen Papieren erhebliche Qualitätsunterschiede liefern.

Weiterverarbeitung

↓

BUCHEMPFEHLUNG

Für alle, die noch mehr zu Papier und zur Herstellung von mehrseitigen Druckerzeugnissen wissen wollen: Franziska Morlok und Miriam Waszelewski haben in ›Vom Blatt zum Blättern. Falzen, Heften, Binden für Gestalter‹ mit viel Hingabe Relevantes für Gestalterinnen und Gestalter zusammengetragen.

Was geschieht am Ende mit dem Druckobjekt, wird es weiterverarbeitet (gebunden, gefalzt, beschnitten) und wenn ja, wie? Meist der letzte Schritt – die Herstellung eines Projektes – und dennoch einer der wichtigsten, der für die Typografie schon von Anfang an mitbedacht werden muss. Nachfolgend deshalb einige Aspekte, die vor allem bei der Verarbeitung von mehrseitigen Druckerzeugnissen Relevanz für die Gestaltung haben:

Bindung

Es gibt verschiedene Bindearten, wie eine Publikation zusammengefügt werden kann: Es gibt die *Klebebindung*, die *Klammerheftung* (seitlich oder mittig), die *Fadenheftung* (seitlich oder mittig), die *Lay-Flat-Bindung*, bei der gefalzte Seiten vollflächig miteinander verklebt werden (oft in Kinderbüchern) sowie Bindesysteme wie die *Spiralheftung* oder das *Binden mit Ringen*, *Schrauben*, *Nieten*, *Ösen*, *Klemmschienen* oder einem *Gummiband*.

Diese Bindetechniken unterscheiden sich neben der Optik, der Haltbarkeit und den Kosten u. a. in ihrem Aufschlageverhalten. Beispielsweise lassen sich klebegebundene Seiten weniger flach öffnen als fadengebundene. Durch die Wölbung der Seiten geht Raum verloren. Dieser ›verlorene‹ Raum wird als Bundschwund bezeichnet und hat zur Folge, dass Sie das Layout anpassen sollten, damit die Elemente zu Gänze sichtbar bleiben. Dabei beeinflusst dieses angepasste Layout wieder die Wirkung des Formats,
132 weil sich die Seiten durch einen schmaleren Außensteg optisch verschmälern (oder Sie verschmälern den Satzspiegel, wodurch wieder weniger Zeichen in eine Zeile passen und sich gegebenenfalls der Umfang erhöht.)

Je nach Bindeart wird die Gestaltung außerdem zur Herausforderung, wenn Objekte über den Bund gesetzt werden. Dadurch, dass ein Teil der Seite im Bund verschwindet, verschwinden auch Teile vom Inhalt im Bund. Will man, dass trotzdem alle Details erkennbar sind, müssen die Elemente unterteilt und vom Bund versetzt werden.

Doppelung des Inhalts

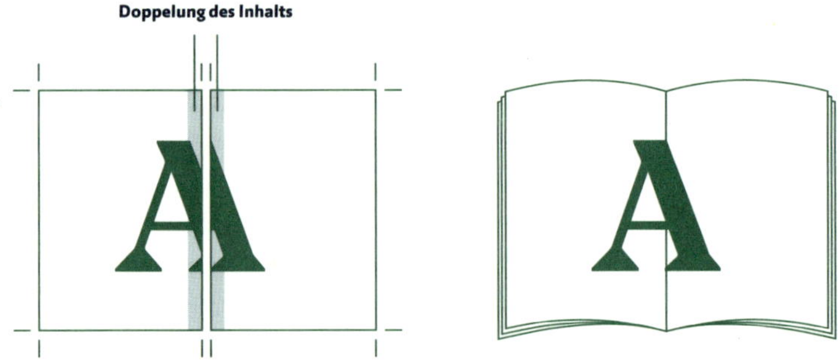

Damit, je nach Bindung, nicht zu viel Inhalt im Bund verschwindet, muss der Inhalt auf den Einzelseiten geteilt und gedoppelt werden.

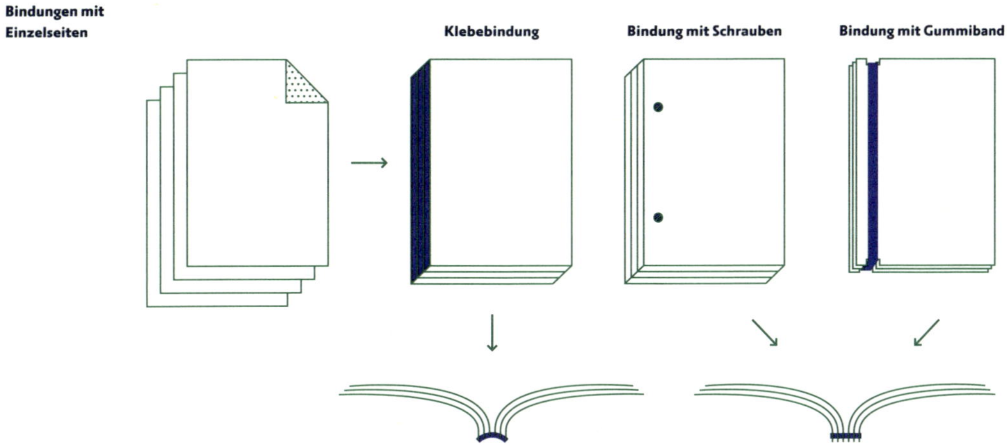

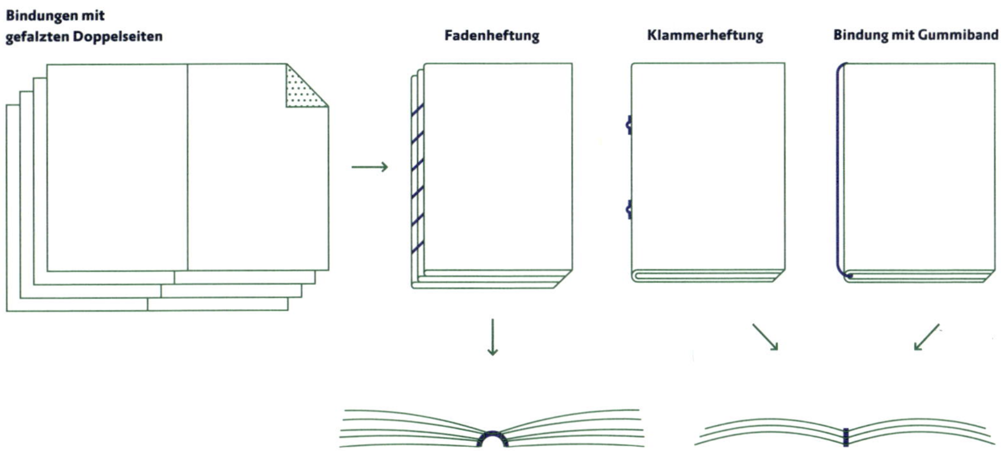

Die Bindung hat Einfluss auf das Aufschlageverhalten und die finale Seitenanzahl.

Die Bindung ist für ein Projekt auch darum bedeutend, weil sie die Anzahl der Seiten bestimmt. Bei einer Klebebindung, einer Bindung mit Ringen, Schrauben, Nieten, Ösen oder Klemmschienen wird immer ein Blatt Papier eingebunden. Bei einer Faden- oder Klammerheftung wird das Papier gefalzt und dann gebunden. Daraus ergibt sich, dass der finale Seitenumfang zumindest immer durch zwei bzw. durch vier teilbar sein muss, weil ein Blatt Papier immer eine Vorder- und eine Rückseite hat und daher automatisch zwei bzw. durch den Falz vier Seiten pro Blatt entstehen.

Endformat mit Anschnitt — Endformat zugeschnitten — Endformat ohne Anschnitt — Endformat zugeschnitten

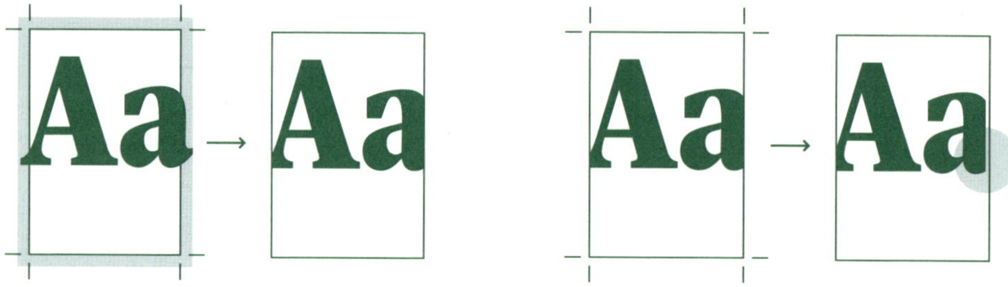

Blitzer

Weil es technisch nicht möglich ist, leichte Schwankungen im Druck sowie in der Weiterverarbeitung zuverlässig zu vermeiden, müssen randabfallende Elemente mit Beschnitt angelegt werden, weil sich sonst weiße Blitzer zeigen.

Zuschnitt

Es ist zwar möglich, ein Produkt bis auf einen Zehntelmillimeter genau zu beschneiden, aber im Druck und in der Weiterverarbeitung wird das Druckbild nicht so passgenau auf dem Papier stehen. Es wird immer kleinere Abweichungen geben. Je feiner Elemente sind – beispielsweise ein schmaler farbiger Registerbalken oder ein schmaler Rahmen um ein Bild, der von oben und der Seite gleich groß ist – desto mehr fallen Abweichungen auf. Damit Ihre Gestaltung robuster gegenüber solchen technischen Ungenauigkeiten ist, dürfen darum kleine oder wichtige Details nicht zu knapp an den Seitenrand gesetzt bzw. Seitenränder nicht zu schmal gehalten werden. Daher ist es sinnvoll, einen Anschnitt von meist 3 mm anzulegen und so durch das Überlaufen der randabfallenden Gestaltungselemente solchen Blitzern vorzubeugen.

Endformat unbeschnitten

Endformat beschnitten

Je mehr Bögen ineinander gelegt werden, umso mehr wird vom Layout in der Bogenmitte abgeschnitten und umso mehr verschiebt sich der Satzspiegel, wenn er nicht mittels Software ausgeglichen wird.

Aufgrund des Bundzuwachs sind feine Randelemente besonders auch bei mehrseitigen Druckerzeugnissen heikel. Durch das Falzen und Ineinanderstecken ragen, bedingt durch den Falz und das Volumen des Papiers die inneren Seiten etwas hervor. Je mehr Bögen ineinandergesteckt werden und umso voluminöser das Papier ist, umso größer ist dieser treppenartige Überschuss, auch Bundzuwachs genannt. Der Bundzuwachs hat zur Folge, dass alles, was zu klein ist oder nahe am äußeren Blattrand steht, durch den Endbeschnitt womöglich verschwindet. Folglich kann es vorkommen, dass gleichmäßig gelayoutete Seiten nicht mehr gleichmäßig erscheinen und störend auffallen, weil Ränder und der Seitenspiegel sich verschoben haben. Um diesen Störfaktor auszugleichen, haben Druckereien Ausschießungsprogramme. Dabei wird der Bundsteg der inneren Bögen schrittweise erweitert, dass der Satzspiegel am Ende nach der Verarbeitung wieder übereinander liegt.

Druck

Grundsätzlich wird jedes ungebundene Printprodukt – z. B. Visitenkarten, Briefpapiere oder Leporellos – gemeinsam mit Informationen für das Drucken, das Zuschneiden, Falzen und Binden, so oft nebeneinander auf dem Druckbogen platziert bis er gut ausgenutzt ist. Auch bei mehrseitigen Printprodukten wird versucht, Druckbögen optimal zu nutzen. Um das Verarbeiten nach dem Druck (Falzen, Binden, Zuschnitt) effizienter zu gestalten, werden die Seiten aber nicht nach ihrer finalen Abfolge, sondern so angeordnet, dass erst nach dem Falzen die richtige Seitenfolge entsteht. Nach dem Zuschneiden müssen die Seiten so nur noch gebunden und nicht mehr richtig sortiert werden. Diesen Vorgang, bei dem die Seiten auf dem Druckbogen angeordnet werden, nennt man ausschießen. Er wird mittels Software von der Druckerei ausgeführt und geschieht unabhängig davon, ob am Ende dann einzelne Blätter (Klebebindung) oder gefalzte Bögen (Fadenheftung) gebunden werden.

↯
In Adobe InDesign unter ›Datei – Broschüre drucken‹ kann dieser Vorgang des Ausschießens für den eigenen Drucker selbst durchgeführt werden um beispielsweise einen Prototypen zu erstellen.

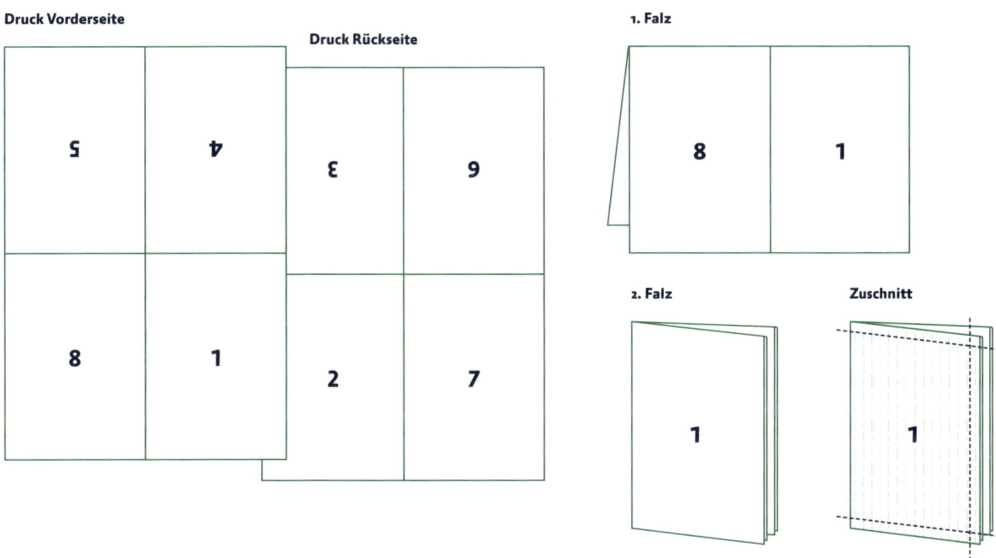

Die Aufteilung der Seiten bei mehrseitigen Printprodukten.

Auf einen Druckbogen passen mindestens vier Einzelseiten, weil ein Bogen, der einmal gefalzt wird, immer vier Seiten hat. Um einen Druckbogen nachhaltig zu nutzen, wird versucht, möglichst viele Seiten unterzubringen. Je nachdem wie oft der Druckbogen gefalzt wird, entstehen aus einem Bogen 8 (zwei Mal falzen wie in der Abbildung oben), 16 (drei Mal) oder 32 (vier Mal) Seiten. Hier
143 spielt noch einmal Schmal- und Breitbahn des Papiers eine bedeutende Rolle, weil nach dem Endbeschnitt natürlich die Laufrichtung des Papiers immer parallel zur Bindung sein sollte.

↓
TIPP

Druckdaten für gebundene Publikationen immer als PDF mit Einzelseiten liefern.

Dieses Wissen brauchen Sie bei der Gestaltung: Einerseits um die Gesamtseitenanzahl zu bestimmen, damit am Ende keine Seiten übrigbleiben. Andererseits um komplexere Publikationen mit Papierwechsel zu gestalten oder verschiedene Formate einbinden zu können. Ob und wo so etwas möglich ist, ist immer von der Druckbogenaufteilung abhängig.

Durch diesen Bogenwechsel können zudem Schwierigkeiten auftreten: Etwa wenn vollflächig bedruckte Doppelseiten unterschiedlicher Bögen nebeneinanderliegen und es dadurch leichte Farbabweichungen gibt. Oder wenn Inhalte über den Bund laufen und erst durch das Falzen und die Bindung – nicht mehr so exakt wie am Bildschirm – nebeneinanderstehen, dafür aber über den Bund laufende Inhalte von einer anderen Doppelseite hervortreten. Für die Gestaltung bedeutet das, dass wir bestmöglich versuchen sollten, keine fragilen oder wichtigen Elemente (kleine Buchstaben, Linien, Gesichter etc.) im Bund zu platzieren.

Bedingt aus diesem Druckablauf lässt sich auch erklären, dass ein Buch- bzw. Broschurblock immer mit einer rechten Seite beginnt und folglich die ungeraden Seitenzahlen immer auf der rechten und die geraden immer auf der linken Seite stehen. Weiter folgernd ist die erste Seite immer eine ungerade auf der rechten Seite und die letzte Seite immer eine gerade auf der linken Seite. Eine gerade Seitenzahl kann *nie* (!) rechts stehen. Die vermeintlich erste linke Seite und die letzte rechte Seite in einem Buch oder in einer Broschüre gehören zum Umschlag bzw. zum Vor- und Nachsatz und nicht zum Kern. Um den Überblick über die Seiten zu behalten, ist es sinnvoll, Cover oder Umschlag und gegebenenfalls Vor- und Nachsatz in ein eigenes Dokument zu legen.

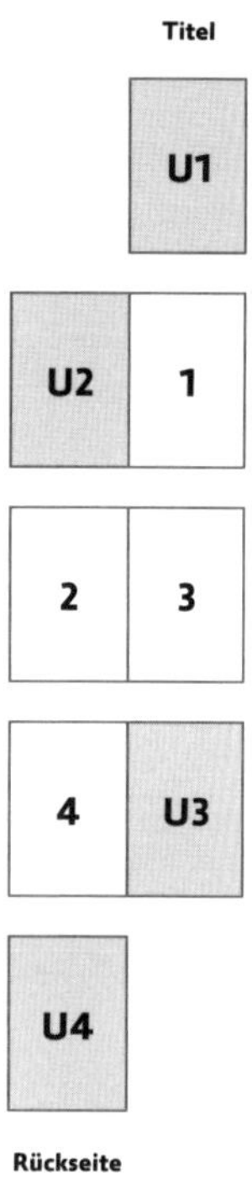

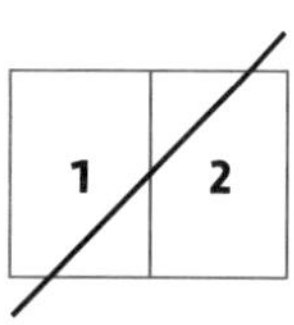

Ein gebundenes Printprodukt beginnt ausnahmslos immer auf der rechten Seite.

Typografische Merkhilfe

In der Typografie kann das Detail nie für sich alleine betrachtet werden. Das wurde in diesem Buch an mehreren Stellen ersichtlich. Ich möchte Ihnen hier deshalb noch einmal einige Abhängigkeiten der Typografie als Arbeits- und Entscheidungsgrundlage mit Seitenverweisen zum Nachlesen zusammenfassen.

Wovon hängt die typografische Organisation von Texten ab?

⟶ **Kontext** 49 120

Die Beantwortung der Frage *Wer liest was, warum, wie und wo?* gibt Auskunft über die Zielgruppe, den Inhalt, die Lesemotivation, den Leseumstand und -ort und hilft Ihnen somit, Ihr Projekt einzuordnen und Konsequenzen für die Gestaltung abzuleiten (siehe Fallbeispiele der Makrotypografie Seite 109).

⟶ **Atmosphäre** 16 70

Die typografische Strukturierung trägt zur Atmosphäre einer Gestaltung bei: Sie setzen damit Elemente in Verbindung/in Distanz, setzen *Kontraste*, betonen, erleichtern die Zugänglichkeit usw.

⟶ **Lesbarkeit** 26

Optimal strukturierte Texte tragen zu einem angenehmen Lesen bei und helfen Leserinnen und Lesern sich in einem Text zu orientieren.

Welche Faktoren beeinflussen die Formatwahl?

⟶ **Inhalt** 124 138

Die *Text- und Bildmenge* sowie Abbildungsgröße, Gewichtung und Seitenverhältnisse von Bildern tragen gemeinsam mit der Seitenanzahl wesentlich zur Formatwahl bei.

⟶ **Verwendung** 49 124

Die Verwendung des Druckobjekts durch *Lesedauer* und *-ort* oder *Versand* müssen bei der Formatwahl mitbedacht werden.

⟶ **Wirkung** 125

Das *Seitenverhältnis* in Kombination mit der *Größe* eines Formats tragen zum Charakter einer Gestaltung bei.

⟶ **Weiterverarbeitung**

Das Format sollte für das jeweilige *Druckverfahren* und die Weiterverarbeitung an die möglichen *Bogenformate* angepasst sein.

⟶ **Budget**

Bei optimierter Inhaltsplatzierung, guter Seitenaufteilung oder Bogennutzung werden weniger Ressourcen verbraucht und folglich ist auch der Preis geringer. (Weiterverarbeitung und Budget klären Sie am besten in Abstimmung mit der Druckerei!)

Was muss bei der Wahl der Bindung beachtet werden?

⟶ **Atmosphäre** 144

Bindeart und Materialien tragen durch ihre individuelle Optik zur *Wertigkeit* einer Gestaltung bei.

⟶ **Seitenanzahl** 145

Je nachdem ob eine Bindung einzelne Blätter oder gefalzte Bögen verarbeitet, muss der Seitenumfang durch zwei/vier teilbar sein.

⟶ **Aufschlageverhalten** 124 130 144

Je nachdem, wie die Bögen gebunden werden, verändert sich das *Aufschlageverhalten* und der *Bundschwund* – folglich sollte das *Format* und der *Satzspiegel* angepasst werden.

⟶ **Haltbarkeit** 144

Bindungen sind unterschiedlich lang bzw. gut haltbar, was vor allem für intensiv genutzte Druckobjekte wichtig ist.

⟶ **Budget**

Bindungen sind unterschiedlich aufwändig in der Ausführung und folglich variiert der Preis.

Was ist bei der Papierwahl zu beachten?

⟶ **Inhalte/Lesbarkeit** 142

Texte und Bilder stellen andere Ansprüche an die *Papiertönung* und *-oberfläche*.

⟶ **Atmosphäre** 142

Papier trägt durch *Struktur*, *Gewicht*, *Volumen* in Kombination mit dem *Druckverfahren* zur Haptik und Wertigkeit bei.

⟶ **Haltbarkeit** 141

Je nach Verwendungszweck braucht man unterschiedlich robuste oder haltbare Papiere. Stichworte sind hier Säurefreiheit, Lichtechtheit, Oberflächenveredelung.

⟶ **Budget**

Papiere variieren im Herstellungsaufwand und folglich auch in der Qualität und im Preis.

Welche Faktoren beeinflussen die Wahl der Schrift?

⟶ **Kontext** 46

Die Antworten auf die Frage *Wer liest was, warum, wie und wo?* bestimmt den Zweck einer Gestaltung und damit, wie die Typografie Leserinnen und Leser aktivieren, unterstützen und ihnen dienen soll – und was die Schrift folglich können muss.

⟶ **Lesbarkeit** 53

Buchstabenqualität, *Schriftbildqualität*, *Schriftausbau* und die *technische Qualität* einer Schrift bestimmen den Lesevorgang und damit die Lesbarkeit.

⟶ **Atmosphäre und Ästhetik** 17 70

Die Details von Buchstaben beeinflussen den *Charakter* einer Schrift und damit die *Absichten* Ihrer Gestaltung.

⟶ **praktische Erwägungen** 72 122

Die umgebenden Elemente, wie die Eigenschaften der *Oberfläche*, auf der Schrift gelesen wird, *weitere Schriften*, die neben der gewählten Schrift verwendet werden, sowie *Schriftlizenzen* müssen ebenfalls mitbedacht werden.

Was ist bei der Mischung von Schriften zu beachten?

⟶ **Atmosphäre** 70 72 122

Schriftmischungen tragen wesentlich zum *Charakter* und *Stil* einer Gestaltung bei.

⟶ **Typografische Organisation** 120

Schriftmischungen helfen bei der *Strukturierung* von Texten.

⟶ **Möglichkeiten der Schrift** 37 44 45

Je nachdem, welche Möglichkeiten die erste Schrift bietet, braucht es weitere Schriften, um alle *Schriftgrößen*, *Anforderungen* und *Leseebenen* abdecken zu können.

Was ist bei der Wahl der Satzart zu beachten?

⟶ **Zeilenlänge** 83 127

Zu kurze Zeilen vertragen keinen Blocksatz.

⟶ **Sprache/Wortlänge** 83 100

Je kürzer die durchschnittliche Wortlänge einer Sprache ist, umso kürzer kann die Zeilenlänge sein, ohne dass der Satz zerreißt.

⟶ **Kolumnenlänge** 128 132

Zu kurze Absätze vertragen keinen Blocksatz.

⟶ **Spaltenanzahl** 133

Die offene Flattersatzkante braucht mehr Spaltenabstand als die ruhige Blocksatzkante.

⟶ **Medium** 127

Im Web funktioniert der Blocksatz aufgrund von responsiven Längen in der Regel nicht.

⟶ **Atmosphäre** 126

Blocksatz wirkt ruhiger und gleichmäßiger, Flattersatz dagegen ist aktiver.

Was muss bei der Festlegung des Satzspiegels beachtet werden?

⟶ **Lesekomfort** 130

Der Weißraum um eine Gestaltung kann die *Lesedauer*, *-art*, und *-motivation* positiv und negativ beeinflussen.

⟶ **Format** 124 132

Der Satzspiegel ist abhängig vom Format und beeinflusst gleichzeitig durch Größe und Position dessen *Wirkung*.

⟶ **Inhalt** 132

Texte, Bilder und die typografische Organisation sind die wichtigsten Einflussfaktoren für die Wahl des richtigen Satzspiegels – und bestimmen damit auch den Umfang.

⟶ **Weiterverarbeitung** 133 144

Durch *Falzen*, *Zuschnitt*, *Papier*, *Bindung* und *Gesamtseitenanzahl* kann sich der Satzspiegel im Endprodukt leicht verschieben.

Welche Faktoren gibt es bei der Wahl der Schriftgröße zu bedenken?

⟶ **Schriftdetails** 21 66 76

Je kleiner die *Buchstabeninnenräume* sind, umso weniger geeignet ist eine Schrift für kleine Größen. Kräftige und/oder schmale Schriften sind daher tendenziell für kleine Größen weniger gut geeignet.

⟶ **Schriftbildwirkung** 22 84

Je höher die *Mittellänge* einer Schrift ist, umso größer wirkt sie. Je länger *Ober- und Unterlängen* sind, umso kleiner wirkt sie.

⟶ **Zeilenlänge** 83

Je größer die Schriftgröße, umso weniger Wörter passen in eine Zeile.

⟶ **Gewichtung** 120

Je größer die Schrift, umso lauter der Inhalt.

⟶ **Leseebenen** 120

Schrift wirkt immer im Verhältnis zur nächsten Schriftgröße. Je größer der *Kontrast* ist, umso deutlicher ist die Differenzierung. Die gewählte Schriftgröße soll sich deutlich von anderen Schriftgrößen unterscheiden und gleichzeitig mit ihnen korrespondieren.

⟶ **Weißraum** 124 130

Schrift wirkt immer im Verhältnis zum umgebenden Weißraum. Eine große Schriftgröße mit wenig Weißraum wirkt präsenter, aber eventuell auch eingesperrt.

⟶ **Kontext** 46

Sehbeeinträchtigungen der *Zielgruppe*, fehlende *Lesemotivation*, negative *Oberflächeneigenschaften* oder *Lichtsituationen* sowie flüchtige *Lesesituationen* können durch eine erhöhte Schriftgröße verbessert werden. Dagegen sind zu große Schriftgrößen bei einem sehr nahen *Augenabstand* und langer *Lesedauer* für das Lesen kontraproduktiv.

Wovon hängt der Buchstabenabstand ab?

⟶ **Schriftdetails** 21 66 76

Je kleiner, enger und geschlossener die *Buchstabeninnenräume* einer Schrift sind, desto kleiner sollte der Buchstabenabstand sein.

⟶ **Schriftgröße** 77

Die Wirkung dieser Schriftdetails verändert sich zudem bei veränderter Schriftgröße.

⟶ **Versalien und Kapitälchen** 78

Versal- und *Kapitälchensatz* verlangen eine erhöhte Laufweite, da Versalien/Kapitälchen größere Innenräume als Gemeine haben.

⟶ **Kontrast** 79

Negative Umgebungseinflüsse (Druck, Licht, positiver/negativer Satz ...) erschweren das Lesen, weil die Innenräume optisch verkleinert werden – eine erhöhte Laufweite gleicht dies wieder etwas aus.

Wovon hängt der Wortabstand ab?

⟶ **Schriftdetails und -größe** 21 66 76 82

Je kleiner, enger, geschlossener die *Buchstabeninnenräume* einer Schrift sind, desto kleiner sollte der Wortabstand sein. Die Größenwirkung dieser Schriftdetails verändert sich zusätzlich bei veränderter Schriftgröße.

⟶ **Buchstabenabstand** 77 82

Je größer die Laufweite ist, umso größer sollte der Wortabstand sein (vor allem bei Versal- und Kapitälchensatz).

⟶ **Zeilenabstand** 82 84

Der Wortabstand muss immer kleiner als der visuelle Zeilenabstand sein, damit keine vertikalen Gassen entstehen.

⟶ **Schriftbildwirkung** 59

Je weniger vertikalen Zusammenhalt Buchstaben in ihrer Wortbildwirkung haben, desto größer sollte der Wortabstand sein.

Von welchen Faktoren ist die Länge der Zeile abhängig?

⟶ **Schriftdetails und -größe** 38 83

Je breiter und/oder größer die Schrift, umso weniger Zeichen passen in eine Zeile.

⟶ **Buchstabenabstand** 77

Je größer die Laufweite, umso weniger Zeichen passen in eine Zeile.

⟶ **Wortabstand** 81

Je größer der Wortabstand, umso weniger Worte passen in eine Zeile.

⟶ **Sprache** 83 100

Je länger die Wörter in einer Sprache sind, desto weniger Worte passen in eine Zeile bzw. umso mehr Worttrennungen gibt es.

⟶ **Kontext** 46 83

Je kürzer eine Zeile ist, desto unruhiger ist das Lesen durch den vielen Zeilenwechsel.
Je länger eine Zeile ist, desto schwieriger ist es für unsere Augen, die Zeile zu halten.
Je nach *Lesezeit* und *-motivation* gilt es hier, die Balance zu finden.

⟶ **Satzart** 126

Je kürzer die Zeilen und länger die Worte sind, umso weniger gut funktioniert der Blocksatz.

⟶ **Format** 124

Die Zeilenlänge sollte immer im Verhältnis zum Format/zum Rahmen der Gestaltung betrachtet werden.

Was muss bei der Wahl des Zeilenabstandes bedacht werden?

⟶ **Zeilenlänge** 83 84

Je länger eine Zeile ist, umso größer sollte der Zeilenabstand sein, um die Augen in der Zeile zu halten.

⟶ **Schriftdetails und -größe** 21 22 59 76 84

Je heller eine Schrift und/oder je vertikaler eine Schrift wirkt, umso mehr Zeilenabstand brauchen unsere Augen für eine gute Zeilenbildung. Je länger Ober- und Unterlängen sind, umso größer muss der Zeilenabstand sein, damit Ober- und Unterlängen nicht aneinanderstoßen. Je höher die Mittellänge ist, umso weniger Fleisch und Weißraum ist um die Buchstaben und folglich sollte der Zeilenabstand umso größer sein. Zusätzlich wirkt sich auch die Schriftgröße auf die Größenwirkung der Buchstabendetails und den Zeilenabstand aus.

⟶ **Buchstabenabstand** 77

Je größer der Buchstabenabstand, umso heller wirkt ein Textblock und umso größer sollte auch der Zeilenabstand sein.

⟶ **Wortabstand** 81

Je größer der Wortabstand, desto größer sollte der Zeilenabstand sein, damit keine vertikalen Gassen entstehen.

⟶ **umgebender Weißraum** 124 126 130

Je mehr Weißraum durch Satzart, Format und Satzspiegel um eine Kolumne ist, desto heller wirkt die Gestaltung und folglich kann auch der Zeilenabstand größer sein.

Von welchen Faktoren hängt die Größe des Einzugs bei einem Absatz ab?

⟶ **umgebender Weißraum** 101

Je heller der umgebende Weißraum durch Schrift, Schriftgröße, Buchstaben, Wort- und Zeilenabstand ist, umso größer sollte der Einzug sein, damit er deutlich ist.

⟶ **Zeilenlänge** 83 101

Der Unterschied zwischen Einzug- und Zeilenlänge muss deutlich genug sein.

Wie können Worttrennungen beeinflusst werden?

⟶ **Verhältnis Schriftbreite, Schriftgröße und Zeilenlänge** 83

Trennungen können durch das Anpassen von Schriftbreite, -größe und Zeilenlänge vermindert werden.

⟶ **Wortlänge, Abkürzungen** 83 100

Je länger die durchschnittliche Wortlänge einer Sprache ist, umso länger muss die Zeile sein, um Trennungen zu vermindern.

⟶ **Satzart** 126

Im offenen Flattersatz fallen Trennungen besser auf als im geschlossenen Blocksatz.

⟶ **Einstellungen in Adobe Id** 129

Die Trennalgorithmen, die Adobe InDesign verwendet, können in den Optionen der Silbentrennung angepasst werden. Viele Trennungen hintereinander sind zwar nicht schön, aber sie fallen weniger auf als hässliche Löcher. Geübte Leser nehmen Trennungen kaum wahr.

Typografische Shortcuts

Striche und Punkte		MACOS	WINDOWS
„Aa	doppeltes Anführungszeichen unten	ALT + ^ / ALT + SHIFT + W	ALT + 0132
Aa“ / “Aa	doppeltes Anführungszeichen oben	ALT + 2	ALT + 0147
Aa”	doppeltes Anführungszeichen oben	ALT + SHIFT + 2	ALT + 0148
‚Aa	einfaches Anführungszeichen unten	ALT + S	ALT + 0130
Aa‘ / ‘Aa	einfaches Anführungszeichen oben	ALT + #	ALT + 0145
Aa’	einfaches Anführungszeichen oben/ Apostroph	ALT + SHIFT + #	ALT + 0146
»	doppeltes Guillemet	ALT + SHIFT + Q	ALT + 0187
«	doppeltes Guillemet	ALT + Q	ALT + 0171
›	einfaches Guillemet	ALT + SHIFT + N	ALT + 0155
‹	einfaches Guillemet	ALT + SHIFT + B	ALT + 0139
…	Ellipse	ALT + .	ALT + 0133
·	zentrierter Punkt	ALT + SHIFT + 9	ALT + 0183
•	dicker zentrierter Punkt	ALT + Ü	ALT + 0149
-	Bindestrich (Viertelgeviertstrich)	-	-
–	Gedankenstrich (Halbgeviertstrich)	ALT + -	ALT + -
—	Geviertstrich	ALT + SHIFT + -	ALT + SHIFT + -
-	geschützter Trennstrich	CMD + ALT + -	STRG + ALT + -
-	bedingter Trennstrich	CMD + SHIFT + -	STRG + SHIFT + -
\	Backslash	ALT + SHIFT + 7	ALT GR + SS
|	senkrechter Strich	ALT + 7	ALT GR + <
⁄	Bruchstrich	ALT + I	

sonstige Glyphen		MACOS	WINDOWS
@	at-Zeichen	ALT + L	ALT GR + Q
€	Eurozeichen	ALT + E	ALT GR + E
©	Copyright	ALT + G	ALT + 0169
®	Registered Trademark	ALT + R	ALT + 0174
‰	Promillezeichen	ALT + SHIFT + E	ALT + 0137

Leerzeichen		MACOS	WINDOWS
	Geviert	CMD + SHIFT + M	STRG + SHIFT + M
	Halbgeviert	CMD + SHIFT + N	STRG + SHIFT + N
	Achtelgeviert	CMD + ALT + SHIFT + M	STRG + ALT + SHIFT + M
∧	geschütztes Leerzeichen	CMD + ALT + X	STRG + ALT + X

praktische Funktion in Adobe InDesign	MACOS	WINDOWS
Originalgröße anzeigen (100 %)	CMD + 1	STRG + 1
Seite in Fenster einpassen	CMD + 0	STRG + 0
Normale Ansicht/Vorschau-Ansicht	W	W
Lineal ein-/ausblenden	CMD + R	STRG + R
intelligente Hilfslinien an-/auszeigen	CMD + U	STRG + U
Hilfslinien ein-/ausblenden	CMD + Ü	STRG + Ü
Hilfslinien entsperren/sperren	CMD + ALT + Ü	STRG + ALT + Ü
Grundlinienraster ein-/ausblenden	CMD + ALT + ß	STRG + ALT + ß
verborgene Zeichen ein-/ausblenden	CMD + ALT + I	STRG + ALT + I
in Auswahl einfügen	CMD + ALT + V [1]	STRG + ALT + V [2]
an Originalposition einfügen	CMD + ALT + SHIFT + V	STRG + ALT + SHIFT + V
Text unformatiert einfügen	CMD + SHIFT + V	STRG + SHIFT + V
Element in den Vordergrund	CMD + SHIFT + Ä	STRG + SHIFT + Ä
Element schrittweise in den Vordergrund	CMD + Ä	STRG + Ä
Element in den Hintergrund	CMD + SHIFT + Ö	STRG + SHIFT +Ö
Element schrittweise in den Hintergrund	CMD + Ö	STRG + Ö
darunterliegendes Element auswählen	CMD + KLICK [3]	STRG + KLICK [3]
Element von einer Musterseite lösen	CMD + SHIFT + KLICK	STRG + SHIFT + KLICK
Dialogfeldoptionen von ›Unterstreichen‹	ALT + KLICK AUF SYMBOL	ALT + KLICK AUF SYMBOL
Dialogfeldoptionen von ›Aufzählungszeichen‹	ALT + KLICK AUF SYMBOL	ALT + KLICK AUF SYMBOL
Suchen/Ersetzen-Dialogfeld	CMD + F	STRG + F
Zeichen-Dialogfeld	CMD + T	STRG + T
Absatz-Dialogfeld	CMD + ALT + T	STRG + ALT + T
Tabulator-Dialogfeld	CMD + SHIFT + T	STRG + SHIFT + T
Textrahmenoptionen-Dialogfeld	CMD + B [4]	STRG + B [4]
Kerning/Laufweite erhöhen	ALT + VORWÄRTS-PFEIL [5]	ALT + VORWÄRTS-PFEIL [5]
Kerning/Laufweite verringern	ALT + RÜCKWÄRTS-PFEIL [5]	ALT + RÜCKWÄRTS-PFEIL [5]
Text am Grundlinienraster ausrichten	CMD + ALT + SHIFT + G	STRG + ALT + SHIFT + G
Hilfslinie über eine Doppelseite ziehen	CMD + LINIE ZIEHEN	STRG + LINIE ZIEHEN
Rahmen an Inhalt anpassen	CMD + ALT + C	STRG + ALT + C

grundlegende systemübergreifende Shortcuts	MACOS	WINDOWS
Speichern	CMD + S	STRG + S
Rückgängig	CMD + Z	STRG + Z
Kopieren	CMD + C	STRG + C
Einfügen	CMD + V	STRG + V
Ausschneiden	CMD + X	STRG + X

1 funktioniert nur in Adobe InDesign
2 funktioniert nur wenn die Elemente vorher gruppiert wurden
3 solange bis man das gewünschte Element erreicht
4 um z. B. die vertikale Ausrichtung in einem Textfeld oder den Abstand zum Rahmen einzustellen
5 Die Einheiten der Tastaturschritte kann in den Voreinstellungen angepasst werden.

Literaturverzeichnis

AICHER, OTL: *typographie*. Originalreprod. d. 2. durchges. Aufl. von Ernst & Sohn Berlin 1989. Mainz: Hermann Schmidt 2005

BOSSHARD, HANS RUDOLF: Der typografische Raster. *Rastersysteme: Gesetzmässigkeiten und Intuition. Objektivierte Gestaltung: Den Raster überlisten. Papierformate: Proportion und Ästhetik. Typografische Konzepte: Aber keine Rezepte*. 2. überarb. Aufl. Sulgen, Zürich: Niggli 2006

CHENG, KAREN: *Anatomie der Buchstaben. Basiswissen für Schriftgestalter*. 2. Aufl. Mainz: Hermann Schmidt 2006

CORNELIUS, ANTONIA M.: *Buchstaben im Kopf. Was Kreative über das Lesen wissen sollten, um Leselust zu gestalten*. Mainz: Hermann Schmidt 2017

DEHAENE, STANISLAS: LESEN. *Die größte Erfindung der Menschheit und was dabei in unseren Köpfen passiert*. Übersetzung aus dem Französischen von Helmut Reuter. München: btb 2009 (Originaltitel: Les Neurones de la lecture, 2007)

DE JONG, RALF / DE JONG, STEPHANIE: *Schriftwechsel. Schrift sehen, verstehen, wählen und vermitteln*. Mainz: Hermann Schmidt 2011

FLOR, MARTINA: *Lust auf Lettering. Ein Praxiserprobter Workshop in zehn Schritten*. 2. Aufl. Mainz: Hermann Schmidt 2016

FORSSMAN, FRIEDRICH: *Wie ich Bücher gestalte*. Ästhetik des Buches 6. 3. Aufl. Göttingen: Wallenstein 2016

FORSSMAN, FRIEDRICH / DE JONG, RALF: *Detailtypografie*. 5. Aufl. Mainz: Hermann Schmidt 2014

FRUTIGER, ADRIAN: *Der Mensch und seine Zeichen. Schriften, Symbole, Signete, Signale*. 6. Aufl. Wiesbaden: Fourier 1978

HOCHULI, JOST: *Kleine Geschichte der geschriebenen Schrift. Einführung in die abendländische Schriftgeschichte von den Römern bis ins 20. Jahrhundert*. St. Gallen: Typophil 1991

HOCHULI, JOST / KINROSS, ROBIN: *Bücher machen: Praxis und Theorie*. St. Gallen: VGS Verlagsgemeinschaft 1996

HOCHULI, JOST: *Das Detail in der Typografie. Buchstabe, Buchstabenabstand, Wort, Wortabstand, Zeile, Zeilenabstand, Kolumne*. 2. überarb. Aufl. Sulgen, Zürich: Niggli 2011

KUPFERSCHMID, INDRA: *Buchstaben kommen selten allein. Ein typografisches Handbuch*. 2. überarb. Aufl. Sulgen, Zürich: Niggli 2009

KOOP, ANDREAS: *Schön und gut. Was werteorientierte Gestaltung verändern kann*. Basel: Birkhäuser 2019

LUIDL, PHILIPP: *Typografie: Herkunft, Aufbau, Anwendung*. 2. überarb. Aufl. Hannover: Schlütersche 1989

MOSCH, MARTIN: *Schrift und Fläche. Die typografische Komposition*. Mainz: Hermann Schmidt 2020

MÜLLER-BROCKMANN, JOSEF: *Rastersysteme für die visuelle Gestaltung. Ein Handbuch für Grafiker, Typografen und Ausstellungsgestalter.* 8. Aufl. Sulgen, Zürich: Niggli 2012

MORLOK, FRANZISKA / WASZELEWSKI, MIRIAM: *Vom Blatt zum Blättern. Falzen, Heften, Binden für Gestalter.* Mainz: Hermann Schmidt 2016

POHLEN, JOEP: *Letterfontäne. [Über Buchstaben].* Übersetzung aus dem Englischen von Jeanette Hark. Köln: Taschen 2015

RENNER, PAUL: *Die Kunst der Typographie.* Reprint der Auflage von 1940. Augsburg: Maro 2003

SAUTHOFF, DANIEL / WENDT, GILMAR / WILLBERG, HANS: *Schriften erkennen. Eine Typologie der Satzschriften für Studenten, Grafiker, Setzer, Kunsterzieher und alle PC-User.* 12. Aufl. Mainz: Hermann Schmidt 2010

SCHWESINGER, BORIS: *Formulare gestalten.* Mainz: Hermann Schmidt 2007

TSCHICHOLD, JAN: *Ausgewählte Aufsätze über Fragen der Gestalt des Buches und der Typographie.* 2. Aufl. Basel: Birkhäuser 1993

TSCHICHOLD, JAN: *Erfreuliche Drucksachen durch gute Typographie: [eine Fibel für jedermann].* 3. Aufl. Augsburg: Maro 1996

UEBELE, ANDREAS: *Orientierungssysteme und Signaletik. Ein Planungsbuch für Architekten, Produktgestalter und Kommunikationsdesigner.* Mainz: Hermann Schmidt 2006

UNGER, GERARD: *Wie man's liest. Übersetzung aus dem Niederländischen von Rainer Erich Scheichelbauer.* Sulgen, Zürich: Niggli 2009 (Originaltitel: Terwijl je leest, 2006)

WEIDEMANN, KURT: *Wo der Buchstabe das Wort führt. Ansichten über Schrift und Typographie.* Sonderaufl. Ostfildern: Cantz 2006

WILLBERG, HANS PETER: *Wegweiser Schrift. Was passt – was wirkt – was stört?* 5. Aufl. Mainz: Hermann Schmidt 2017

WILLBERG, HANS PETER / FORSSMAN, FRIEDRICH: *Lesetypografie.* 5. Aufl. Mainz: Hermann Schmidt 2010

WILLBERG, HANS PETER / FORSSMAN, FRIEDRICH: *Erste Hilfe in Typografie. Ratgeber für Gestaltung mit Schrift.* 8. Aufl. Mainz: Hermann Schmidt 2017

VOELKER, ULYSSES: *read + play. Einführung in die Typografie. Hintergründe, Grundlagen, Buchempfehlungen.* Mainz: Hermann Schmidt 2015

Die Blindtexte der Abbildungen stammen aus:

SIEGFRIED, RENÉ: *Die kleine Serifee. Entdeckungen in der Welt der Buchstaben.* 2. Aufl. Mainz: Hermann Schmidt 2007

Bildquellen Seite 15:

FUTURA — In: http://www.100besteschriften.de/5_Futura.html (zuletzt aufgerufen am 17. 6. 2016); von der Autorin modifiziert

KOMBINATIONSSCHRIFT — In: http://www.fontshop.com/content/stencil-alphabets/ (zuletzt aufgerufen am 17. 6. 2016); von der Autorin modifiziert

NEW ALPHABET — In: http://www.visible.org/site/cornish/slide_lectures/modular-typeface-letter-kit/ (zuletzt aufgerufen am 17. 6. 2016); von der Autorin modifiziert

Dank

Ein herzliches Danke möchte ich *Karin* und *Bertram Schmidt-Friderichs* aussprechen: Danke für Ihren Enthusiasmus beim Mappentag im Frühjahr 2017, für die konstruktiven Anregungen, den herzlichen Austausch und Ihr vorgestrecktes Vertrauen, dass dieses Buch entstehen konnte.

Danke sagen möchte ich den Menschen, die mir während meines Lernweges ihre Welt der Typografie eröffnet haben und damit Einfluss auf dieses Buch haben: *Daniel Perraudin*, *Catherine Rollier* sowie bei *Super Büro für Gestaltung*.

Bedanken möchte ich mich auch bei den Schriftgestalterinnen und -gestaltern der Type Foundries, die mir für dieses Buch Schriften zur Verfügung gestellt haben. Ohne diese Fonts wäre dieses Buch nur halb so schön. Es war mir eine Freude, damit arbeiten zu dürfen.

Zu guter Letzt gilt ein großer Dank meiner Familie: meinem Freund *Daniel*, meiner Mama *Bernadette*, *Thomas* und meiner Schwester *Barbara*. Danke für euren Zuspruch, fürs Zuhören, für eure Geduld und eure Unterstützung. Ohne euch würde es dieses Buch nicht geben.

Verlag und Autorin danken für die großzügige Unterstützung folgender Type Foundries, die die breite Auswahl neuer Schriften in diesem Buch möglich machte.

Bold Monday, www.boldmonday.com
Brando
Colophon Foundry, www.colophon-foundry.org
Apercu, Apercu Mono, Fortescue Text, Value Serif
Dinamo, www.abcdinamo.com
Laica A
Good Type Foundry, www.goodtypefoundry.com
Adieu
Kilotype, www.kilotype.de
Queens Var
Letters from Sweden, www.lettersfromsweden.se
Lab Grotesque
Luzi Type, www.luzi-type.ch
Spezia Serif
Nouvelle Noire, www.nouvellenoire.ch
NN Allegra, NN Colroy, NN Medien
Out of the Dark, www.outofthedark.xyz
Gza
Schick Toikka, www.schick-toikka.com
Chap, Noe Display, Noe Text
Swiss Typefaces, www.swisstypefaces.com
SangBleu Empire, SangBleu Kingdom, SangBleu Versailles, Suisse Int'l
Typejockeys, www.typejockeys.com
Antonia H1, Antonia H2, Antonia H3, Antonia H4, Antonia Text, Gretel Script, Ingeborg
TypeMates, www.typemates.com
Cera Brush, Cera Round, Cera Stencil, Meret, Pensum Display
Typotheque, www.typotheque.com
Greta Sans, Greta Sans Compresssed, Greta Sans Condensed, Greta Sans Extended

Über die Autorin

Sabrina Öttl (*1992), Gestalterin, Buch- und Buchstabenliebhaberin mit einem Schwerpunkt auf Typografie und Konzept, absolvierte das Bachelorstudium an der FH JOANNEUM, University of Applied Sciences in Graz. Ihre Abschlussarbeit *Ansichtssache. Über Lesbarkeit und die Details in der Typografie* ist die Grundlage für dieses Buch und wurde mit dem Red Dot Communication Design Award und dem European Design Award ausgezeichnet.

Was sie begeistert, ist Typografie, die unser aller Alltag unterstützt. Gut gewählt, gesetzt und strukturiert sind Buchstaben die effektivste und einfachste Art der Kommunikation. Nicht nur inhaltlich, auch emotional. Buchstaben haben Charakter, sind *characters* und darum die wichtigste visuelle Komponente zur Differenzierung. Die Autorin legt Wert auf ganzheitliche Konzepte, die vermitteln, hinterfragen und inkludieren und versucht durch ihre Gestaltung Mehrwerte zu schaffen, die Menschen bewegen.

www.sabrinaoettl.at

Impressum

Gestaltung und Satz: Sabrina Öttl
Lektorat: Bertram Schmidt-Friderichs
Korrektorat: Sandra Mandl
Verwendete Schriften: NN Allegra, GT Sectra, GT Sectra Display; alle weiteren Schriften sind bei den jeweiligen Abbildungen angeführt.
Papier: 120 g/m² Design Offset creme (FSC)
Druck: Lokay, Reinheim
Buchbinderei: Schaumann, Darmstadt

verlag hermann schmidt
Gonsenheimer Straße 56, 55126 Mainz
Tel: 06131 50 60 0
Fax: 06131 50 60 80
info@verlag-hermann-schmidt.de
facebook: Verlag Hermann Schmidt
twitter/instagram: VerlagHSchmidt

ISBN 978-3-87439-908-1
Printed in Germany with Love.

Wir übernehmen Verantwortung.
Nicht nur für Inhalt und Gestaltung, sondern auch für die Herstellung. So ist dieses Buch klimaneutral gedruckt.

Das Papier stammt aus sozial, wirtschaftlich und ökologisch nachhaltig bewirtschafteten Wäldern und entspricht deshalb den Standards der Kategorie ›FSC Mix‹.

Mit der Druckerei Lokay produzieren wir mit einem zertifizierten Druckunternehmen nach EMAS und dem blauen Umweltengel. Dadurch stellen wir sicher, dass neben dem Papier auch alle anderen Materialien einem hohen Umweltstandard entsprechen. Beispielsweise Ökofarben mineralöl-/kobaltfrei nach Cradle to Cradle, alkoholfreier Druck, prozesslose Druckplatten ohne Chemie und Wasserverbrauch, 100 % Ökostrom, Restemissionen klimaneutral per Goldstandard kompensiert.

Mit dem ausgewählten Energieeffizienzprojekt in Ghana werden herkömmliche Kochstellen durch wesentlich effizientere Öfen ersetzt, den Toyola Coalpots. Weniger Holzkohle als Brennstoff bedeutet weniger abgeholzte Wälder! Das wiederum hat positive Auswirkungen auf die Schutzfunktionen des Waldes, wie Bodenerosion, Wasserschutz und Sicherung der natürlichen Lebensräume von Tieren und Pflanzen.

Bücher haben feste Preise!
In Deutschland hat der Gesetzgeber zum Schutz der kulturellen Vielfalt und eines flächendeckenden Buchhandelsangebotes ein Gesetz zur Buchpreisbindung erlassen. Damit haben Sie die Garantie, dass Sie dieses und andere Bücher überall zum selben Preis bekommen: Bei Ihrem engagierten Buchhändler vor Ort, im Internet, beim Verlag. Sie haben die Wahl. Und die Sicherheit. Und ein Buchhandelsangebot, um das uns viele Länder beneiden.